Willi Rolfes // Tobias Böckermann

NATUR Impressionen

Streifzüge durch
das herbstliche
Jagdrevier

Müller Rüschlikon

I m p r e s s u m

Einbandgestaltung: Kornelia Erlewein
Titelbild, Aufnahmen auf der Umschlagrückseite sowie alle Fotos im Inneteil stammen von Willi Rolfes, www.willirolfes.de
Die Texte wurden von Tobias Böckerrmann verfasst.

Gedicht auf Seite 17: »Welkes Blatt«, aus: Hermann Hesse, Sämtliche Werke in 20 Bänden. Herausgegeben von Volker Michels. Band 10: Die Gedichte. © Suhrkamp Verlag Frankfurt am Main 2002.

Gedicht auf Seite 65: Heinz Piontek (1925-2003), Oktober (S. 10). In: Helldunkel, Gedichte Verlag Herder, Freiburg,1987. © Anton Hirner, Lauingen.

Gedicht auf Seite 97: Peter Huchel: Späte Zeit. © Mathias Bertram, Berlin

ISBN 978-3-275-02002-7

Postfach 103743, 70032 Stuttgart
Ein Unternehmen der Paul Pietsch Verlage GmbH & Co. KG
Lizenznehmer der Bucheli Verlags AG, Baarerstr. 43, CH-6304 Zug

1. Auflage 2014

Sie finden uns im Internet unter www.mueller-rueschlikon-verlag.de

Lektorat: Claudia König
Innengestaltung und Repro: Kornelia Erlewein
Druck und Bindung: Gorenjski tisk storitve, 4000 KRANJ
Printed Slovenia

Inhalt

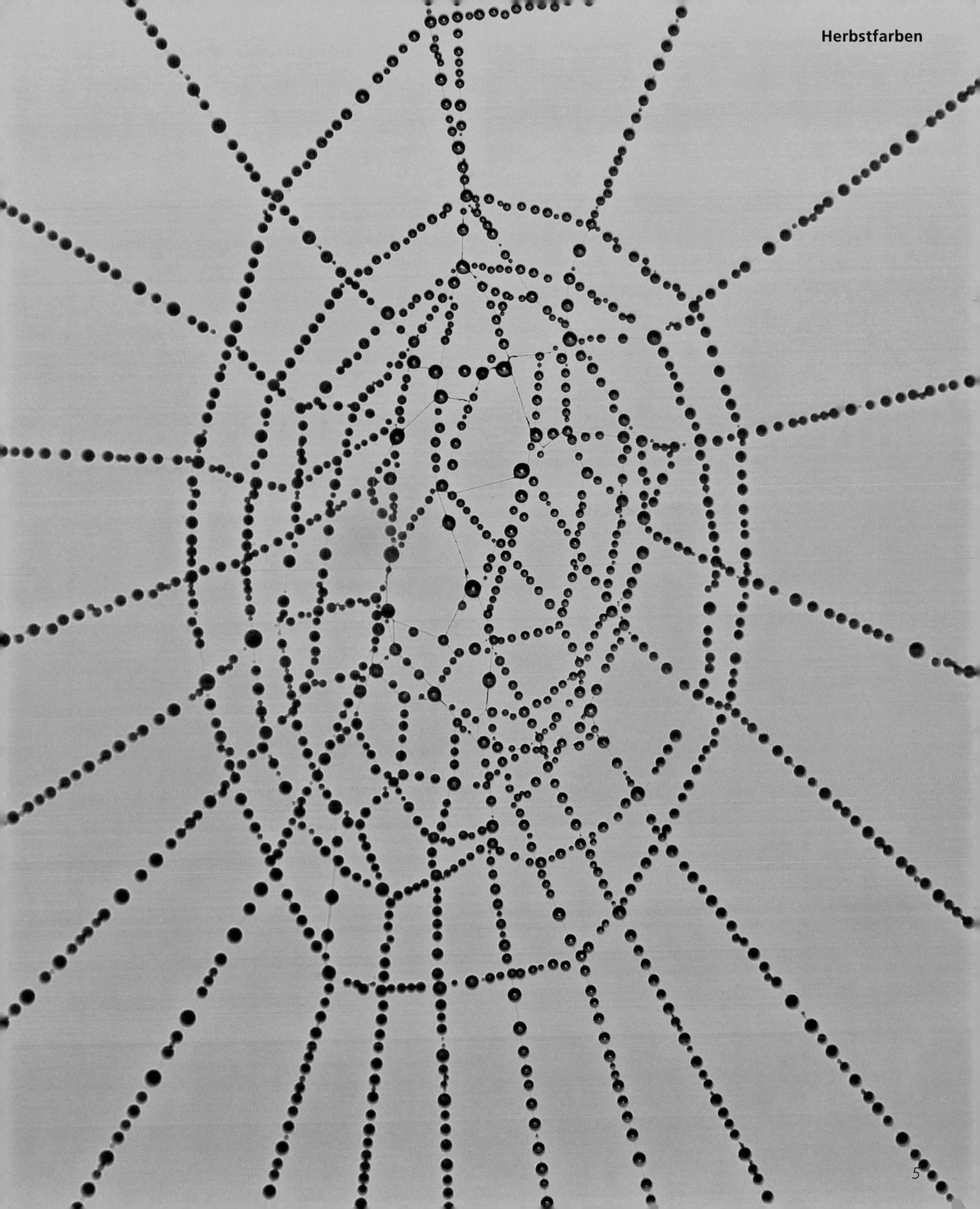

Der Herbst

Fast könnte man meinen, der Herbst könne sich nicht entscheiden. Nachts bringt er den ersten Frost, nachmittags mit etwas Glück späten Sommer. Die Bäume verlieren ihr Leben spendendes Laub, allerdings beschenken sie jeden, der sehen kann, mit der schönsten, buntesten und gewaltigsten Farbenpracht des Jahres.

Alles ist in Aufruhr, wenn der Herbststurm sein Werk vollbringt und die Begleitmusik spielt zum Röhren des brunftwütigen Rothirsches und zum schmatzenden Futtersuchen der Wildschweine. Den Tieren fallen Eicheln und Bucheckern fast ins Maul, dem Menschen bringt der Herbst kurz nach der Getreideernte reichlich rotbäckige Äpfel, die die Sonne der letzten Sommerwochen saftig in sich konserviert haben. Jeder sammelt so viel er kann. Der Herbst ist also eine Jahreszeit voller Gegensätze – das Leben in der Natur nähert sich nun unaufhaltsam seinem jährlichen Ende und gleichzeitig schießt es über vor lauter Überfluss.

Ob man den Herbst mag oder nicht, hängt von vielen Umständen ab, vor allem wohl von den Erfahrungen, die man in der eigenen Kindheit machen durfte. Wer schon früh in seinem Leben etwa bei einer Hirschbrunft dabei sein konnte, wird dieses Schauspiel kaum je wieder vergessen. Wer sich im September oder Oktober frühmorgens oder am späten Nachmittag aufmacht zum Brunftplatz und dort nach aufgeregtem Warten den Auftritt des Platzhirschen beobachtet, der bekommt einen Eindruck von Kraft, Dynamik und Lebenswillen, den die Natur ganz ohne den Menschen erschaffen hat.

150 Kilogramm und mehr werfen die Hirsche in ihrer Arena in den Ring, sie brüllen, rufen, sabbern, schwitzen, springen und kämpfen, als gäbe es kein Morgen. Zugegeben: Mit menschlichem Maßstab gemessen, ist das Fortpflanzungsgebaren der Hirsche ein wenig anstrengend: Der Gewinner bekommt fast immer fast alle Damen aus dem Kahlwildrudel, und nur er hat dadurch dutzendfach die Chance, seine eigenen Gene weiterzugeben. Die Beihirsche gehen leer aus. Jahrelang kann ein einzelner Hirsch sein Rudel dominieren, allerdings nur, wenn er sich immer wieder, Herbst für Herbst, in harten Kämpfen gegen seine Konkurrenten durchsetzt.
Den meisten Menschen ist Derartiges nicht nur fremd, sondern wäre wohl auch viel zu anstrengend.

Schließlich muss der Platzhirsch nicht nur Konkurrenten wegbrüllen, im Kommentkampf stellen oder letztendlich im Nahkampf besiegen. Er muss zusätzlich auch alle seine Angebeteten beisammen halten, und nicht selten verlässt die eine oder andere Hirschkuh die Arena, um sich einem anderen Rudel anzuschließen oder einfach auf einen anderen männlichen Hoffnungsträger zu setzen.
Wie auch immer: Die Brunft der Hirsche ist eines der eindrucksvollsten Schauspiele, die die heimische Natur überhaupt und speziell im Herbst bietet. In diesem Fall ist sie nicht Erntezeit, sondern der Beginn neuen Lebens.

Die Brunft der Hirsche im Herbst ist eines der eindrucksvollsten Schauspiele.

Aber zurück zum Herbst, dem Thema dieses Buches. Was macht eigentlich den Herbst genau aus, wann beginnt er und wie wirkt sich der Klimawandel auf ihn aus? Was bedeutet diese Veränderung für die Tierwelt und was für die Jagd? Über all das soll in diesem Buch berichtet werden, ebenso schwerpunktmäßig über einzelne Arten wie Seeadler, Kranich, Fischotter, Waschbär und andere Neozoen, den Uhu, die Ankunft nordischer Schwäne oder die im Herbst besonders eindrucksvollen Hudebäume als Relikt der einst bei uns vorherrschenden halboffenen Weidelandschaft.

Und nicht zuletzt ist der Herbst einfach eine Jahreszeit voller Farben und voller Melancholie zugleich. Mit der Wärme schwindet das Leben, zumindest das offensichtliche. Deshalb ist für uns Menschen der Herbst auch eine Zeit des Nachdenkens und Gelegenheit, Bilanz zu ziehen. Am besten macht man das in einem rauschenden Laubwald, an der tosenden Meeresküste oder auf einem Berggipfel im Sturm. Spätestens dann weiß man: die Natur ist nicht tot, sie macht nur eine Pause und hält den Atem an. Das Jahr steht auf der Kippe.

Im September 2014

Welkes Blatt

Jede Blüte will zur Frucht,
Jeder Morgen Abend werden,
Ewiges ist nicht auf Erden
Als der Wandel, als die Flucht.

Auch der schönste Sommer will
Einmal Herbst und Welke spüren.
Halte, Blatt, geduldig still,
Wenn der Wind dich will entführen.

Spiel dein Spiel und wehr dich nicht,
Laß es still geschehen.
Laß vom Winde, der dich bricht,
Dich nach Hause wehen.

Hermann Hesse

Grün, Braun, Gelb
und Rot: Das sind die
wichtigsten Farben
des Herbstes

Der Herbst ist die Zeit des Überflusses – Mensch und Natur fahren reiche Ernte ein, wenn Kartoffeln gerodet, Rüben gezogen und Äpfel gepflückt werden. Aber der Herbst bietet auch Platz für einen Rausch aus Farben, der sich nach dem zarten, neues Leben verheißenden Grün des Frühjahrs und dem Blumenbunt des Sommers noch einmal aller Elemente des Farbkastens der Natur

Rausch der Sinne:

Über Farben, alte Weiber und den Klimawandel

Die Sonne steht nun flacher am Himmel als im Sommer, die Schatten der Bäume werden immer länger und scheinen selbst in verschiedenen Nuancen vorzukommen. Die Farben der Blätter leuchten durch das sanfte Herbstlicht besonders intensiv, Morgennebel zeichnet Landschaften weich, der Himmel strahlt in sattem Blau wie gemalt.
Kein Wunder, dass der farbenfrohe Herbst weltweit mit besonders liebevollen Namen versehen wird. Die Finnen nennen die prachtvollen Farben der Herbstblätter »ruska«, die Schweden »brittsomma«, in Kanada kennt man den »Indian Summer«, einen besonders warmen Herbst mit blauem Himmel und intensiver Blattverfärbung. In Deutschand und einigen anderen Ländern Mitteleuropas locken der Altweibersommer oder auch der Goldene Oktober Naturliebhaber in die Natur. Alle Zustandsbeschreibungen meinen etwas Ähnliches und beschreiben ein Naturphänomen, das die Menschen in aller Regel tief beeindruckt. In Skandinavien und Kanada ist für Naturfreunde deshalb nicht der mückenreiche Sommer der Höhepunkt des Naturjahres, sondern der Herbst.
Die Früchte von Wildrosen oder Ebereschen leuchten jetzt knallrot, weil sie die Vögel für einen Botendienst bei der Erschließung neuer Lebensräume gewinnen wollen und viele Nahrungsgäste die Signalfarbe Rot bestens verstehen: sie verspricht reife Früchte. Manchmal leuchtet die Heide jetzt auch noch in sattem Violett, schon langsam übergehend in eine Mischung mit zartem Braun, verziert mit dem Weiß der Kreuzspinnennetze, deren Erbauer noch auf letzte Beute lauern.

Ein Volksglauben besagt, dass es baldige Hochzeit verheißt, wenn sich fliegende Spinnenfäden im Haar eines jungen Mädchens verfangen. Und hier liegt auch vielleicht die Herkunft des Begriffes »Altweibersommer«. Denn einer alten Erklärung zufolge leitet sich der Name von Spinnfäden her, mit denen junge Baldachinspinnen im Herbst durch die Luft segeln. Der Flugfaden, den die Spinnen produzieren und auf dem sie durch die Luft in eine ungewisse Zukunft schweben, erinnert die Menschen an das graue Haar alter Frauen. Mit »weiben« wurde im Althochdeutschen das Knüpfen der Spinnweben bezeichnet. Einer anderen Vermutung zufolge liegt dem Wort die Idee einer »zweiten Jugend bei Frauen« zugrunde, die als unzeitig und nur kurze Zeit dauernd angesehen wird. Wie dem auch sei: Frauenfeindlich ist der Begriff nicht. Ein Gericht hat die Klage einer 78-jährigen Frau abgewiesen, die dem Deutschen Wetterdienst die Verwendung des Begriffes verbieten lassen wollte.

Der Herbst ist eine Zeit der Gegensätze: melancholisch, wenn die Blätter bei Windstille raschelnd zu Boden sinken, explosiv aber immer dann, wenn ein Sturm die Stille zerreißt und im Duett mit Starkregen daran erinnert, dass bald das Leben im Freien zumindest oberflächlich zum Erliegen kommen wird. Und bietet der Herbst zu Beginn noch ein Farbspektakel der Extraklasse, hat das Ende nur trüb in der Landschaft stehende blattlose Baumgerippe zu bieten.

Grün, Braun, Gelb und Rot: Das sind die wichtigsten Farben des Herbstes und sie lohnen eine kleine Betrachtung. Denn Farben lassen sich deuten, ihre Wirkung auf das menschliche Gemüt lässt sich erklären. Farbingenieure wollen durch den gezielten Einsatz von Farben in Bürogebäuden die Kommunikation fördern und die Schaffenskraft der dort arbeitenden Menschen steigern. Die Kirche setzt seit mindestens einem Jahrtausend auf die Wirkung von Farben – und nutzt zum Beispiel das Violett als Symbol für Demut und Besinnung. Die Frauenbewegung setzt ebenfalls auf Violett – aber nur deshalb, weil es aus Blau und Rot gemischt wird, die für männlich und weiblich stehen.

Wie aber funktionieren Farben? Eigentlich ist es recht einfach – und doch kompliziert. Denn Menschen sehen Farben durchaus unterschiedlich, es kommt auf das eigene Farbempfinden an, wie ein Farbton wahrgenommen wird. Aber im Grundsatz sehen die meisten Menschen Rot als Rot und Gelb als Gelb – sie nehmen Farbtöne über Rezeptoren auf der Netzhaut wahr: die sogenannten Stäbchen unterscheiden zwischen hell und dunkel, die Zapfen erkennen Farben.

Ob eine Blüte dann weiß, blau oder orange erscheint, hängt davon ab, welchen Teil des Sonnenlichts sie reflektiert und welchen sie absorbiert. Schwarz schluckt alles, lässt vom Licht, das einstrahlt, nichts wieder raus. Weiß dagegen reflektiert alle Anteile des Lichts und enthält in sich alle Farben des Universums. Was dazwischen liegt, hat unendlich viele Nuancen und dementsprechend auch Namen erhalten – von Ägyptisch Blau über Postgelb, Seegrün und Hochrot bis zu Ultramarin. Sicher ist: Ohne Licht gibt es keine Farben, und deshalb sind nachts alle Katzen grau.

Rund 60 Farbtheorien sind seit der Antike entstanden, eine der bekanntesten stammt von Johann Wolfgang von Goethe (1749–1832). Er war nicht nur Dichter, sondern auch Universalgelehrter und interessierte sich für alle Naturwissenschaften. Er erschuf 1809 einen Farbenkreis zur Symbolisierung des »Menschlichen Geistes- und Seelenlebens«. Rot und Orange stehen darin für die Vernunft, Gelb und Grün für den Verstand, Blau für die Sinnlichkeit und Violett und Rot für die Phantasie.

Aber zurück zu den Herbstfarben. Rot ist eine der Lieblingsfarben weltweit und gilt als eine der ersten, die der Mensch durch Sprache beschrieben hat. Rot symbolisiert Glück gleichermaßen wie Hass, Leidenschaft ebenso wie Zorn und natürlich Verführung. Rot ist eine Farbe voller Energie, aber auch Symbol für Blutopfer und Hexen. Leben, Feuer, Blut und Liebe – Rot ist ambivalent und immer auffällig.

Gelb ist eine der wichtigsten Herbstfarben und kommt nun viel häufiger vor als selbst im blütenreichen Frühling mit seinen vielen gelben Blumen. Die Blattverfärbung zaubert Hunderte Gelbtöne hervor, die je nach Sonnenlicht variieren können. Und eben jene Sonne ist stets gelb und spendet Leben, auch Gold schimmert gelblich. Und doch ist Gelb eine zwiespältige Farbe. Denn nur wenige Menschen bezeichnen sie als ihre Lieblingsfarbe; sie steht eben auch für Egoismus und Missachtung. Schwefelgelb ist auch die Farbe des Teufels und doch auch Bestandteil des Regenbogens.

Rot ist eine der Lieblingsfarben weltweit.

Gelb ist eine der wichtigsten Herbstfarben.

Zwischen Gelb und Rot steht das Orange.

Grün ist die Farbe des Lebens.

Bleibt noch das Braun … – wie keine andere Farbe steht es für die Erde, den Verfall und den Herbst.

Zwischen Gelb und Rot steht das Orange, ebenfalls eine der Spektral- oder Regenbogenfarben. Ihr spricht man kaum negative Eigenschaften zu, hält sie sogar für aufmunternd, animierend und erfrischend, für eine Farbe mächtiger Energie. Aber Orange ist eine eher unwichtige Farbe geblieben – in der Mode zum Beispiel wirkt es zu aufdringlich.
Grün ist ebenfalls eine Farbe des Herbstes, auch wenn er gerade die Zeit ihres Verschwindens und damit eine Zeit der Depression ist. Denn Grün ist Hoffnung. Wenn es grünt beginnt, das Leben von Neuem; es gibt kein schöneres Grün als das zarten Frühlingslaubes. Ohne Grün kein Leben, denn das Chlorophyll in Blättern, Stängeln und Trieben ermöglicht Photosynthese und damit Atmung. Bevor der Winter kommt, zieht es sich zurück, und bleibt nur in wenigen Pflanzen wie dem Ilex auch in der kalten Jahreszeit erhalten.
Bleibt noch das Braun – wie keine andere Farbe steht es für die Erde, den Verfall und den Herbst. Der Regenbogen lässt Braun nicht zu, der Himmel ist niemals braun getönt und nicht nur wegen der Verwendung der Farbe als Symbol für den Nationalsozialismus wird Braun wohl bis ans Ende des Universums kein Liebling der Menschheit mehr werden. Und dabei ist Braun für alles Leben unverzichtbar: die Erde, aus der alles Leben erwächst, ist braun. Ebenso die Bäume und viele ihrer Früchte oder auch viele Tiere, wie das Reh oder der Hase. Immerhin gilt gebräunte Haut als Schönheitsideal.

Wann beginnt der Herbst?

Was aber ist der Herbst eigentlich? Wann beginnt er, und welchen Einfluss hat der Klimawandel auf die Jahreszeiten in Mitteleuropa? Zunächst verstehen wir unter Jahreszeiten vornehmlich die Jahresabschnitte, die durch das Wetter voneinander unterscheidbar sind. Frühling, Sommer, Herbst und Winter dauern dem sogenannten meteorologischen Kalender zufolge jeweils drei Monate – der Herbst beginnt am 1. September und endet am 30. November. Das Datum des kalendarischen Herbstbeginns nehmen wir allerdings weniger wahr, als das des Frühlings am 1. März. Denn wenn der Kalender den Frühling einläutet, kann man dessen tatsächliche Ankunft nach dem Winter kaum erwarten. Beim Herbst hat man etwas mehr Geduld.

Neben dem kalendarischen Kalender gibt es noch den astronomischen. Er richtet sich, vereinfacht gesagt, nach dem Stand und dem jährlich sich ändernden Lauf der Sonne. Der Herbst beginnt dieser Einteilung zufolge immer zwischen dem 22. und dem 23. September, Frühlingsbeginn ist am 20. oder 21. März. Zusätzlich unterscheiden Meteorologen aber weitere, sogenannte phänologische Jahreszeiten, die sie an Wachstumsstadien bestimmter Leitpflanzen festmachen und die viel genauer den tatsächlichen Eintritt einer Jahreszeit und damit den Jahreslauf der Natur markieren.
Der Vorfrühling zum Beispiel beginnt phänologisch mit der Blüte von Haselnuss, Schneeglöckchen und Erle – je nach Witterung kann der Vorfrühling somit auch schon mal im Januar beginnen, meistens kommt er spätestens Ende März. Es folgt der Erstfrühling und zwar mit der Blüte der Forsythie und der Blattentfaltung der Stachelbeere – letztere eröffnet die Zeit der Obstblüte und die Zeit der Blattentfaltung der meisten Gehölze.

Der Vollfrühling startet mit der Blüte der Apfelbäume und der Blattentfaltung der Stieleiche. Die Zeit der größten Blütenfülle ist erreicht, bei steigenden Temperaturen und längerer Sonneneinstrahlung stürmt die Natur regelrecht nach vorne. Der Frühsommer setzt mit dem Blühbeginn des Schwarzen Holunders ein, weil nun Gräser und Getreide blühen, leiden Allergiker besonders. Mit der Lindenblüte kommt der Hochsommer, die erste Wintergerste wird gemäht. Der Spätsommer startet mit der Fruchtreife des Früh-Apfels, der bekannteste ist der Weiße Klarapfel, und der Eberesche. Winterroggen und Winterweizen werden geerntet. Gegen Ende des Frühsommers beginnt die Heide zu blühen.

Wenn dann Schwarzer Holunder und Kornelkirsche ihre reifen Früchte präsentieren, dann beginnt schon der Frühherbst, und mit der Fruchtreife von Rosskastanie und Eiche ist es Vollherbst geworden. Obst, Mais, Kartoffeln und Rüben werden nun vom Acker geholt, und die ersten Blätter verfärben sich. Wenn die Stieleiche schließlich ihre Blätter verfärbt – sie ist stets die letzte unter den großen Bäumen – dann ist der Spätherbst gekommen. Fällt das Eichenlaub, ist der Winter da und damit eine mehr oder weniger lange Zeit der Vegetationsruhe.

Neben der Pflanzenwelt kann man auch die Entwicklung der Tierwelt mit erfassen, etwa das erste Fliegen der Biene, den ersten Schmetterling, etwa Kleiner Fuchs, Kleiner Kohlweißling oder Zitronenfalter, den ersten Kuckucksruf oder Vogelzug. Dass eine Schwalbe noch keinen Sommer macht – dieses Sprichwort hat mit der Phänologie zu tun.

Weil die Natur zumindest die Reihenfolge ihrer Entwicklungsschritte stets einhält, kann man anhand des phänologischen Kalenders Entwicklungen ablesen, die sich erst bei einer Betrachtung über Jahrzehnte erfassen lassen. Der Deutsche Wetterdienst beobachtet seine Leitarten seit 1945 sehr genau, und er stellt fest, dass im Zuge des Klimawandels der Frühling bis zu drei Wochen früher eintritt, als noch vor Jahrzehnten. Im Schnitt werden Schneeglocken und Apfelbäume bis zu fünf Tage pro Jahrzehnt ungebremsten Klimawandels früher blühen als heute. Auch der Herbst verändert sich – er wird wohl deutlich regenreicher werden als heute, während das Wasser im Sommer zunehmend fehlt.

Allerdings gibt es für den Herbst nach Einschätzung des Umweltbundesamtes keine deutlichen Anzeichen dafür, dass sich die phänologischen Phasen verändern. Im Gegensatz zu den Frühjahrsphasen, deren Eintritt weitgehend von der Temperatur bestimmt wird, sind die Zusammenhänge mit klimatologischen Parametern im Herbst schwächer und komplexer. Insgesamt zeichnet sich damit ab, dass der Frühling früher beginnt und die Vegetationsphase sich verlängert.

Die Folgen für die Natur sind kaum abzusehen. Einige Tier- und Pflanzenarten dürften sich daran anpassen können, andere werden dies nicht schaffen. So gibt es Hinweise, dass einige Vogelarten den immer früheren Frühling verpassen, weil sie nicht rechtzeitig aus ihren Überwinterungsgebieten zurückkehren.

Die schöne Müllerin – Wohin?

Ich hört ein Bächlein rauschen
Wohl aus dem Felsenquell,
Hinab zum Tale rauschen
So frisch und wunderhell.

Ich weiß nicht, wie mir wurde,
Nicht, wer den Rat mir gab,
Ich mußte auch hinunter
Mit meinem Wanderstab.

Hinunter und immer weiter
Und immer dem Bache nach,
Und immer frischer rauschte
Und immer heller der Bach.

Ist das denn meine Straße?
O Bächlein, sprich, wohin?
Du hast mit deinem Rauschen
Mir ganz berauscht den Sinn.

Was sag ich denn vom Rauschen?
Das kann kein Rauschen sein:
Es singen wohl die Nixen
Tief unten ihren Reihn.

Laß singen, Gesell, laß rauschen
Und wandre fröhlich nach!
Es gehn ja Mühlenräder
In jedem klaren Bach.

Wilhelm Müller

Am Herbstbach:

Von Rückkehrern und Neulingen

Wohl dem, der einen rauschenden Bach in der Nähe weiß: das Geräusch des plätschernden Wassers beruhigt Geist und Seele der meisten Menschen ebenso wie ein Tag am Meer mit seiner tosenden Brandung, oder so wie ein satter Herbststurm im Wald.

Mit dem ersten Frost

verlieren die Buchen einen

Teil ihrer Blätter.

Das Tönen der Natur erinnert uns daran, dass wir nicht als homo oeconomicus, also als wirtschaftlich denkender Nutzenmaximierer geboren wurden, sondern als Teil unserer Umwelt. Besonders eindrucksvoll ist ein Bach im Herbst, wenn der Wasserstand nach dem heißen Sommer schon wieder leicht ansteigt und sich zahllose rote und gelbe Blätter wie kleine Schiffchen mit dem Wasser auf den Weg ins Tal machen.
Aber vorweg sei gesagt: das gilt nur für einigermaßen natürlich fließende Bäche, also für fast keine mehr in Mitteleuropa. Annähernd allen hat der Mensch in den vom wirtschaftlichen Aufbruch und der Zähmung der Natur bestimmten 1950er- und 1960er-Jahren ihre Wildheit genommen, hat ihr ganz eigenes Gepräge vereinheitlicht in schnurgerade fließende Einheitsgewässer, sie gezähmt und damit sterbenslangweilig und manchmal ökologisch auch fast schon tot hinterlassen. Die Bachromantik ist dahin, dafür kann man sich an einer gut funktionierenden Abflussrinne erfreuen. Oftmals wäre man als Beobachter schon froh, wenn man wenigstens ein leises Gluckern vernähme oder wenigstens ein Seufzen.

Sie fließen im Bach talwärts

und formen im Kehrwasser

bunte Mosaike.

Welch ein Anblick ist dagegen ein intakter Bach, der sich aus dem Gebirge langsam ins Tal vorarbeitet oder temperamentvoll in die Tiefe stürzt. Wie spannend ist ein Wiesenbach in der Tiefebene, der auf Schlangenlinienkurs zum nächsten größeren Fluss mäandert. Bachstelzen hüpfen hier auch im Herbst noch vereinzelt von Stein zu Stein, um dann blitzschnell einzutauchen in die harte Strömung und sich nach Insektenlarven umzusehen. Auch der Eisvogel labt sich noch einmal an schmackhaften Stichlingen oder kleinen Flussbarschen – sein lautes Pfeifen verrät seine Anwesenheit dem Kenner schon kurz bevor der schillernde Fischfänger in rasantem Flug vorbeirauscht. Wie viele Jungtiere die Eisvögel in diesem Sommer durchgebracht haben, weiß niemand.

Im Herbst vertreiben die alten Eisvögel ihren Nachwuchs aus dem Revier. Dann sieht man häufig Jungvögel auf Quartiersuche.

Denn erstaunlicherweise sind sie zu Schachtelbruten in der Lage, sie ziehen also in besonders fischreichen Zeiten in verschiedenen Brutröhren mehrere Jungtiergenerationen zugleich auf. So gleichen sie massive Bestandsverluste aus, die sie in sehr kalten Wintern erleiden. Dann sind Bach und See vereist und es lässt sich keine Beute fangen.

Nur wenn das Wasser sauber ist und genügend Fische hier leben, wenn dazu noch Steilwände zum Bau der Brutröhren vorhanden sind, dann lässt sich der Eisvogel auch am Herbstbach beobachten. Den Wettstreit um die größte Farbenpracht gewinnt er im Frühjahr und im Sommer locker, im Herbst aber muss auch er sich ranhalten, um mit den Blättern von Bergahorn und Co. mitzuhalten.

Der Iltis nutzt Verstecke am Bachufer.

Mit ein wenig Glück begegnet man am Herbstbach auch einem anderen Wasserspezialisten. Er ist putzig, flink, verspielt, und er steht auf Grätengetier: Der Fischotter war lange Zeit in vielen Regionen Deutschlands ausgestorben. Doch nun mehren sich die Anzeichen, dass er heimlich wieder Besitz ergreift von einstigen Lebensräumen an deutschen Flüssen und Bächen. Verbesserte Wasserqualität, Renaturierungen und ein anderer Umgang mit den scheuen Mardern haben ihnen zur Rückkehr verholfen.

Einen aufgerichteten Fischotter findet man in der Regel ganz possierlich. Ein großer Kopf, große runde Augen, ein kleines Kinn – Kindchenschema nennen Wissenschaftler diese einnehmenden Proportionen, deren Wirkung die meisten Menschen gerne erliegen. Sie signalisieren Schwäche und Hilfsbedürftigkeit und appellieren an den Fürsorgeinstinkt.

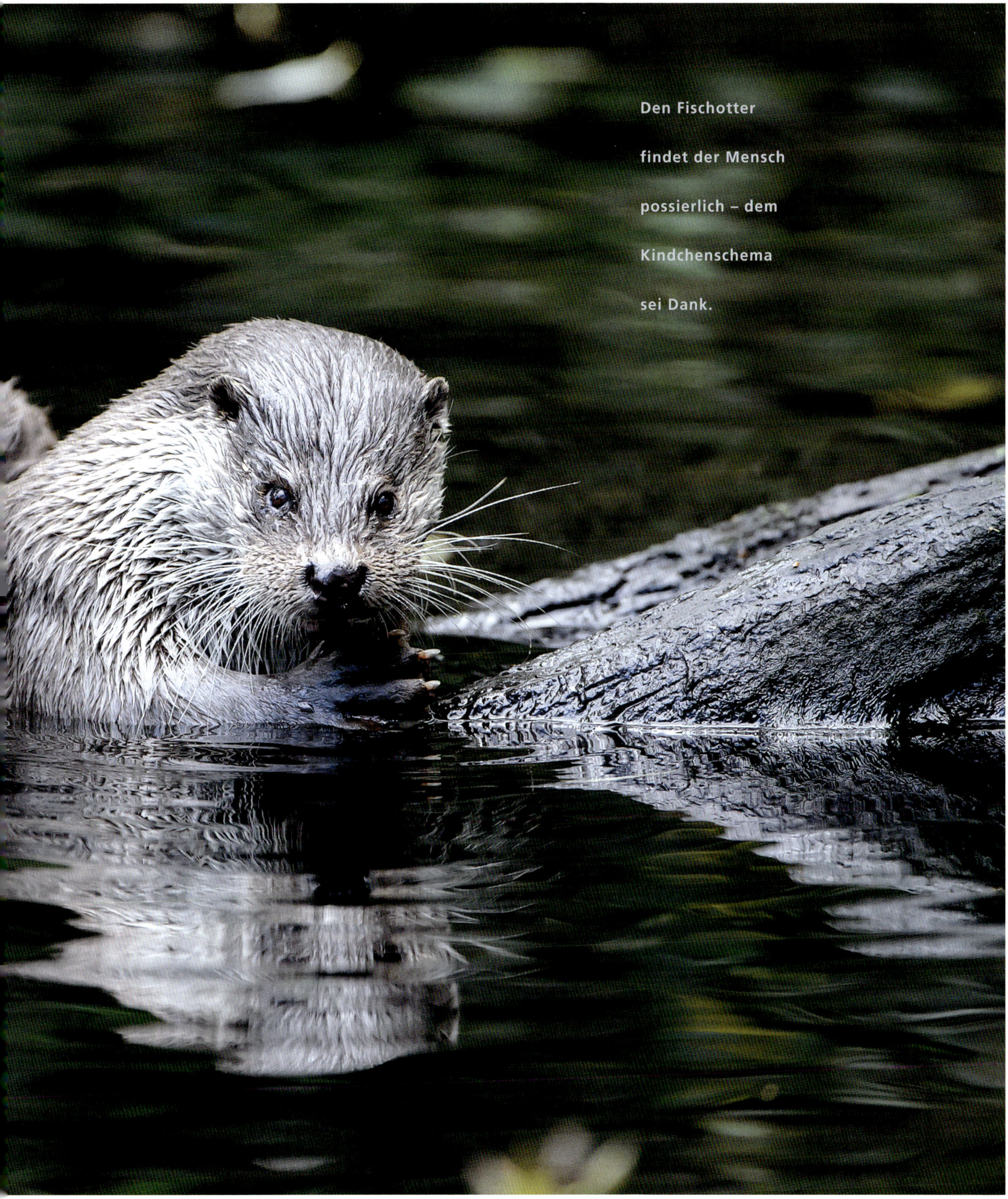

Den Fischotter findet der Mensch possierlich – dem Kindchenschema sei Dank.

Erstaunlicherweise hat dem Fischotter sein niedliches Aussehen aber ganz und gar nicht geholfen. Im Gegenteil. Bis 1968 wurde er als Fischfeind erbarmungslos verfolgt oder wie der Biber als Fastenspeise gegessen. Und als man ihn dann endlich unter Schutz stellte, war er vielerorts schon verschwunden. Letzte Rückzugsgebiete hatte der größte einheimische Marder nur noch in der ehemaligen DDR und in Bayern.
Nun also kehrt er zurück und rückt zum Beispiel in Niedersachsen fünf Kilometer pro Jahr nach Westen vor. Als Fischfresser waren die Marder ebenso verfolgt worden wie Fischreiher. Aber ausrotten konnte die Jagd den Otter nie, das schaffte der Mensch dann mit anderen Mitteln. Vor allem die Begradigung der Flüsse machte dem Marder das Leben schwer. Außerdem gelangten Gifte wie DDT und PCB in Flüsse und Bäche und sammelten sich zunächst in Fischen, Krebsen und Muscheln und schließlich im Otter an, der von diesen Wassertieren lebt. Vermutlich hat das die Fortpflanzungsfähigkeit beeinträchtigt.

Der zunehmende Straßenverkehr forderte schließlich ab den 1960er- und 1970er-Jahren die meisten Otter-Opfer, gefolgt von Tieren, die in ungesicherten Fischreusen ertranken. Bejagung, Veränderung der Lebensräume, Chemie, Straßenverkehr: Alles zusammen hatte den Fischotter vielerorts aussterben lassen.

Dass er nun zurückkehrt, ist eine Erfolgsgeschichte des Naturschutzes, eine, die neben der Einstellung der Jagd viele weitere Väter hat. Die Flüsse sind dank der Kläranlagen sauberer, mancherorts gibt man ihnen wieder mehr Raum, lässt Bewuchs am Ufer zu. Und einige der praktischen Bach-Kanäle wurden und werden inzwischen sogar renaturiert. Gute Aussichten also für den großen Wassermarder, auch am Herbstbach wohlgenährt für die harte Winterzeit herumzutollen.

Der Waschbär ist ebenso wie Bisam und Nutria ein Neozoon, also ein Tier, das sich mit menschlicher Hilfe in Europa angesiedelt hat.

Der niedlich maskierte Waschbär stammt zwar aus Nordamerika, hat aber auch in Europa den Lebensraum Wald und Bach perfekt besetzt.

Neue Bewohner: Die Neozoen

Zum Leben am Bach gehört inzwischen auch an anderer großer Säuger. Aber er ist nicht willkommen wie der Fischotter: der Waschbär. Mindestens 800 Tier- und Pflanzenarten aus aller Herren Länder leben zusätzlich zur einheimischen Flora und Fauna inzwischen in Deutschland, der Waschbär ist nur einer von ihnen. Die meisten sind unproblematisch, manche sogar eine Bereicherung; aber das gilt nicht für alle. Einige Arten gelten als invasiv, breiten sich also stark aus und entfalten dabei unerwünschte Nebenwirkungen auf die einheimische Natur. Beim Waschbären ist die Rolle, die er spielt, nicht ganz klar. Aber da er groß ist und sehr flexibel, was seine Nahrung angeht, wird er argwöhnisch beobachtet und intensiv bejagt.

Der Waschbär ist ebenso wie Bisam und Nutria ein Neozoon, also ein Tier, das sich in Europa etabliert hat, obwohl es hier früher nicht vorkam. Beide benötigten dafür menschliche Hilfe. Tiere, die aus anderen Gründen hier auftauchen, haben einen anderen Status. Dazu zählen Rückkehrer wie Kranich, Seeadler, Kolkrabe oder Wolf. Sie waren früher schon mal da. Dann gibt es die »Einwanderer«, also Arten, die aus eigener Kraft erstmals nach Deutschland gelangen. Zu ihnen zählen die Wespenspinne und der Silberreiher aus Südeuropa. Drei »Wiederangesiedelte«, also gezielt vom Menschen zurückgeholte Arten, sind der Biber, die Sumpfmaus oder der Europäische Nerz. Letzterer ist ein Leichtgewicht in der Familie der Marder: er wiegt 400 bis 900 Gramm. Schwimmhäute zwischen den Zehen verraten seine semiaquatische, also ans Wasser gebundene Lebensweise. Nerze sind Einzelgänger, über die Größe ihrer Reviere ist relativ wenig bekannt. Man weiß aber, dass es an Flüssen mehrere Kilometer lang sein kann, und dass sich die Tiere kaum mehr als 150 Meter vom Ufer entfernen. Nerze fressen Mäuse, Fische, Amphibien, Vögel, Schnecken und Krebse.
In Deutschland ist er praktisch ausgestorben, Wiederansiedelungspojekte hat man mehr oder weniger erfolgreich im Emsland und im Saarland gestartet.

Zu den Neozoen dagegen zählt neben dem Waschbären zum Beispiel auch die Chinesische Wollhandkrabbe, die vermutlich um 1910 im Ballastwasser von Schiffen aus Asien nach Europa gelangte. Sie gilt als invasiv, weil sich ihre Ausbreitung kaum stoppen lässt und sie Schäden an den Ufern anrichtet – angeblich bis zu 80 Millionen Euro pro Jahr. In manch einen Bach ist sie schon vorgedrungen, die großen Flüsse hat sie großflächig besetzt.

Den putzigen Waschbär aus Nordamerika hatte man 1934 in Hessen ausgesetzt, um die »heimische Tierwelt zu bereichern«. Aus zwei Pärchen wurden Hunderttausende. Die Jagdstrecke in Deutschland liegt heute bei rund 70000 pro Jahr. Neu im Lande ist auch der Marderhund. Der nachtaktive Allesfresser mit Vorliebe für Insekten stammt aus Ostasien, wurde 1920 zur Pelzgewinnung in Russland eingeführt und breitete sich aus. Das vermutlich erste in Deutschland frei lebende Exemplar hat man 1962 in Börger in Westniedersachsen erlegt.

Häufiger zu sehen als Waschbär und Marderhund sind zwei Nagetiere aus Nordamerika: Bisam und Nutria. Sie leben inzwischen an praktisch allen Gewässern und sind wegen ihres Hungers auf Pflanzen und wegen ihrer Wühltätigkeit berüchtigt. Nur fünf Exemplare des Bisams hatte man 1905 in Prag ausgesetzt, jetzt sind es europaweit Millionen. Dass der Bisam die Zusammensetzung der Pflanzenwelt verändert, wird angenommen. Sicher ist, dass er zumindest lokal den Bestand einheimischer Großmuscheln gefährdet. Mancherorts ernährt sich der Bisam dabei auch von anderen Einwanderern, nämlich zwei aus Asien stammenden Muschelarten.

Im Jahr 2014 wurden allein in Niedersachsen 131.001 Bisame erlegt. Eine Untersuchung der Uni Osnabrück hat allerdings ergeben, dass der Fang gar keine Auswirkungen auf die Bestandsdichte insgesamt hat. Die Tiere produzieren einfach um so mehr Nachwuchs, je mehr sie bejagt werden. Der Nutria wird etwa seit 1890 in Europa gehalten – wie der Bisam wegen seines Fells. Erste Farmen in Deutschland entstanden in den 1920er-Jahren in Deutschland.

Abendlicht färbt das talwärts fließende Wasser.

Einige andere Neubürger hätte man als solche nicht erwartet: So stammt der Fasan ursprünglich aus Asien und kam erst mit den Römern nach Westeuropa. Er gilt aber nicht als Neo-, sondern als Archäozoon, also als seit langer Zeit eingebürgerter Neuling. Als Grenze für diese Unterscheidung gilt die Entdeckung Amerikas 1492. Vor dieser Zeitlinie kamen auch die Hausratte oder der Damhirsch aus Asien ins Land. Selbst das Kaninchen hat keine deutschen Wurzeln – es kam wohl erst im 13. bis 15. Jahrhundert aus Spanien und Frankreich zu uns.

Bekämpfungsmaßnahmen gegen die Neubürger haben sich in vielen Fällen zumindest auf großer Fläche übrigens als wirkungslos erwiesen, weshalb Experten Vorbeugung vor der Einschleppung weiterer Arten für die beste Methode der Bekämpfung halten. Deshalb wird derzeit intensiv nach exotischen Mücken gesucht, die infolge der Globalisierung nach Deutschland einreisen und bisher hierzulande unbekannte Krankheiten übertragen können. Und auch in der Landwirtschaft fürchtet man Neobiota: Seit einigen Jahren sucht man mit Lockstofffallen nach dem Maiswurzelbohrer, der in den USA Milliardenschäden an Maiskulturen anrichtet und in Deutschland schon gesichtet wurde.

Auch bei den Pflanzen gibt es übrigens Neubürger. In manch einem Bach hat sich zum Beispiel die kanadische Wasserpest ausgebreitet und macht den einheimischen Pflanzen das Leben schwer. In vielen Revieren, vor allem Westdeutschlands ist ein ausgewachsener Baum zu einer Problemart geworden, nämlich die Spätblühende oder Amerikanische Traubenkirsche. Der bis zu 30 Meter hoch werdende Baum stammt aus Nordamerika und ist ein schönes Beispiel für gut gemeinte aber schlecht gelungene Erweiterung der heimischen Natur durch eine fremde Art. 1685 wurde ein erster Baum nach Deutschland gebracht, vermutlich als Zierpflanze für einen herrschaftlichen Garten. Während einer Phase der sogenannten »Fremdländerversuchs-anbauten« im späten 19. Jahrhundert, in der Pflanzen aus aller Welt in Europa ausprobiert wurden, setzte man große Hoffnungen auf den Baum, weil er auf armen Sandböden gut gedeiht.

Allerdings befestigte er zwar die Dünen Norddeutschlands, lieferte aber nicht, wie erhofft, gutes Stammholz. Die Traubenkirsche wächst in Europa praktisch nie gerade. Als man das im Laufe der Zeit bemerkte, war es für ein Gegensteuern zu spät. Heute ist die Amerikanische Traubenkirsche zumindest in den Sandgebieten Nordwestdeutschlands fast allgegenwärtig – was sie der Beliebtheit ihrer Früchte bei Vögeln und Füchsen ebenso verdankt wie der Fähigkeit, nach dem Abholzen aus dem Stock wieder massiv auszuschlagen. Ironischerweise stört sie nun vor allem in den letzten Heide- oder Trockenrasenflächen, die man im Gegensatz zu früher aus Naturschutzgründen nicht mehr beseitigen sondern erhalten will. Die Traubenkirsche verdrängt hier seltene Blumen und Tiere und macht bei ausbleibender Gegenwehr aus Heide Wald.

Auch im Forstbetrieb ist sie recht unbeliebt, weil sie dichtes Unterholz bildet und die Naturverjüngung der Wälder zu stören scheint. Die Niederländer haben aus den genannten Gründen in einem Zeitraum von 30 Jahren mehrere Milliarden Euro ausgegeben, um die »Waldpest«, wie sie den Baum nennen, wieder loszuwerden. Ohne Erfolg.

Aber zurück zum Bach. Wo er seine Freiheit noch nicht eingebüßt hat, ist er Lebensraum für rund 60 Fischarten, darunter so merkwürdige Gestalten wie die Groppe, ein Fisch ohne Schwimmblase aber mit vergleichsweise riesigem Kopf. Die kleine Schmerle ist ein Fischlein fast ohne Schuppen, und der Bitterling schillert zur Laichzeit nicht nur in allen Regenbogenfarben, sondern legt seine Eier auch in großen Flussmuscheln ab. Die Evolution hat auch den einheimischen Großmuscheln das Überleben nicht besonders leicht gemacht. Auch die Muscheln benötigen nämlich einen Wirtsfisch für die Entwicklung ihrer Larven (Glochidien). Flussbarsch, Zander, Stichling oder Bachforelle werden zu Partnern auf Zeit. Nach der Befruchtung der Eizellen (das Muschelweibchen saugt zu diesem Zweck Samen des Männchens mit dem Atemwasser ein) entstehen die Glochidien. Sie erkennen, wenn ein Fisch vorbeischwimmt, und nisten sich als Parasiten in deren Gewebe ein. Nur ein minimaler Teil der bis zu vier Millionen Glochidien pro Muschel schafft diese Prozedur. Nach der parasitären Phase graben sich die Jungmuscheln für rund zwei Jahre im Gewässergrund ein und tauchen als erwachsene Muschel wieder auf. Eine erfolgreiche Vermehrung schaffen Muscheln also nur, wenn sie selbst in genügender Anzahl vorhanden sind, sonst klappt die Befruchtung nicht, wenn die entsprechenden Wirtsfische da sind und wenn das Substrat für die Jungmuscheln passt.
Der Nachwuchs des Bitterlings verbringt die ersten gefährlichen Wochen übrigens in einer der Großmuscheln und schwimmt erst dann ins freie Wasser.

Besonderes Augenmerk gilt Lachs und Forelle: wo es gelingt, sie wieder anzusiedeln und ihren Lebensraum zu verbessern, profitieren auch alle anderen Bachbewohner.
Das Ökosystem Bach ist übrigens eines der artenreichsten in der heimischen Natur überhaupt, denn es verbindet die Lebensräume Wasser und Land über eine sehr lange Strecke. Und zunehmend setzt sich die Erkenntnis durch, dass die einst erhoffte Zähmung der Bäche und Flüsse nicht so gelungen ist wie gedacht. Weil man ihnen die Überschwemmungsflächen und ihre Auen genommen hatte, treten sie bei starken Regenfällen nun um so extremer über die Ufer und richten Zerstörungen gigantischen Ausmaßes an. Mehr Raum für die Gewässer ist deshalb zwar politischer Konsens, die Umsetzung ist aber sehr schwierig, weil die Besiedelung und vor allem die landwirtschaftliche Nutzung inzwischen bis dicht an die Ufer reicht.
Angesichts all dieser herausragenden Eigenschaften der Bäche ist es doch erstaunlich, was der Mensch so alles mit ihnen angestellt hat. Immerhin baut man vielerorts tatsächlich Staustufen, Mauern und Wehre zurück, schließt Altarme wieder an und lässt am Ufer wenigstens etwas mehr Raum.

Und so werden wieder ein paar mehr Bäche zu einem Ort, an dem sich trefflich philosophieren lässt. Über den Ursprung des Lebens, die Quelle zum Beispiel, oder darüber, wie ein Leben verlaufen kann: eher gradlinig oder auch mal auf Abwegen.

Verklärter Herbst

Gewaltig endet so das Jahr
Mit goldnem Wein und Frucht der Gärten.
Rund schweigen Wälder wunderbar
Und sind des Einsamen Gefährten.

Da sagt der Landmann: Es ist gut.
Ihr Abendglocken lang und leise
Gebt noch zum Ende frohen Mut.
Ein Vogelzug grüßt auf der Reise.

Es ist der Liebe milde Zeit.
Im Kahn den blauen Fluß hinunter
Wie schön sich Bild an Bildchen reiht –
Das geht in Ruh und Schweigen unter.

Georg Trakl

Gefiederte Jäger:

Unter Greifen und Eulen

Die Spatzen haben ihre heimliche Rückkehr wohl schon längst von den Dächern gepfiffen. Angstvoll vermutlich, denn der Uhu ist nicht weniger als die größte Eule der Welt und bei der Wahl der Mahlzeit nicht wählerisch. Im letzten Schnee des ausgehenden Winters haben deutschlandweit rund 2500 Paare zu brüten begonnen – wie viele es genau sind, ist nicht bekannt. Jetzt im Herbst sind die bis zu drei Jungen schon flügge und müssen nicht mehr gefüttert werden.

Wunderwerke der Natur: Junguhus im Farnversteck.

Die Alten können sich ganz der Herbstbalz widmen, in der sie allerdings die eigentliche Paarung noch nicht vollziehen, sie folgt erst im Spätwinter. Aber der Herbst ist die Zeit des Techtelmechtels, jetzt finden sich neue Paare oder alte versichern sich im Geäst bunter Herbstbäume ihrer Zugehörigkeit.
2500 Brutpaare sind eine beachtliche Zahl, und Ausdruck eines Umdenkens im Umgang mit den großen Eulen. Denn Anfang des 20. Jahrhunderts hatte es einen kaum noch als überlebensfähig geltenden Bestand gegeben. Die Tiere fristeten irgendwo abgeschieden im Hochgebirge und einigen großen Waldgebieten ihr gefährdetes Schattendasein. Erbarmungslose Verfolgung eines angeblichen Beutekonkurrenten hatte den Uhu in ganz Deutschland an den Rand des Aussterbens gebracht. Als er 1935 im Deutschen Reich unter Schutz gestellt wurde, gab es insgesamt keine 100 Paare mehr. Nach Angaben der Gesellschaft zur Erhaltung der Eulen (EGE), einem Zusammenschluss engagierter Praktiker und Wissenschaftler, war der deutsche Bestand damit schon zu klein geworden, um aus sich selbst heraus die Verbreitungslücken wieder zu schließen. Im übrigen Europa sah es nicht besser aus. 1965 drehte Bernhard Grzimek für seine Sendung »Ein Platz für Tiere« ein Porträt der großen Eule und rückte sie ins Blickfeld der aufstrebenden Naturschutzszene.

Dank enormer Schutzbemühungen ist der Uhu zurückgekehrt.

Viele Uhus nisten auch in Kies- und Sandgruben.

Die »Aktion zur Wiedereinbürgerung des Uhus« wurde gegründet und wilderte allein zwischen 1974 und 1994 fast 3000 Uhus in geeigneten Lebensräumen aus. Sie stammten hauptsächlich aus Zoos und Tierparks. Gleichzeitig intensivierten die Uhufreunde die Öffentlichkeitsarbeit, gewannen Jäger als engagierte Mitstreiter, sorgten für Sperrung und Bewachung der wenigen Brutplätze. Mit Erfolg. Uhus bevorzugen zwar als Felsen- und Nischenbrüter Formationen wie Steinbrüche, nehmen aber auch mit Sandkuhlen vorlieb, brüten in Greifvogelhorsten oder gleich ganz auf dem Boden.

Seitdem der Bestand stark angestiegen ist, werden auch immer häufiger tote Uhus entdeckt. Windräder, ungeeignete Mittelspannungsmasten, Zerstörung von Brutplätzen durch Bodenabbau, der Straßenverkehr und Krankheiten gefährden die Tiere. Auch könnten Uhus auf Maisäckern, die im Zuge des Biogasbooms allenthalben Karriere gemacht haben, keine Beute machen, und nicht zuletzt sorgt ein junges Hobby für Beunruhigungen an immer mehr Brutplätzen: Geocaching, die digitale Schnitzeljagd, die auch ansonsten viel Unruhe in Brut- und Setzreviere bringt.

Ein Uhu startet am Abend im flachen Suchflug auf Beutefang.

Anders als der Uhu lebt die Schleiereule unter anderem in Scheunen und damit in Nachbarschaft des Menschen.

Ein Bussard im Anflug auf eine Sitzwarte.

Im Herbst sind auch andere Greifvögel und Eulen unterwegs – Bussarde zum Beispiel scheinen plötzlich immer zahlreicher zu werden kurz bevor der Winter naht. Zwar sind die einheimischen Bussarde weitgehend Standvögel oder Teilzieher, die meistens weniger als 50 Kilometer vom eigenen Revier fortziehen. Aber oft gesellen sich jetzt Überwinterer aus Skandinavien hinzu, die im vergleichsweise milderen Süden auf bessere Beutebedingungen hoffen dürfen. Einige Tausend Individuen machen sich ab August bis November auf leisen Schwingen auf den Weg nach Deutschland und nehmen dann gerne Fallwild vom Straßenrand, im Februar und März beginnt der Rückflug. Auch der Habicht hat sein Nest um diese Jahreszeit schon längst verlassen. Die Jungvögel sind flügge und müssen sich nun ein eigenes Revier suchen, für die Altvögel steht ab November schon wieder die Balz vor der Tür.

Der Uhu gilt übrigens als ärgster Feind aller anderen Greifvögel und Eulen, die in Mitteleuropa ihr Beuteglück versuchen. Er ist in der Lage, selbst große Habichtweibchen nachts in ihrem Nest zu schlagen und macht von seiner Überlegenheit fast allen anderen Greifvögeln gegenüber auch Gebrauch. Die große Eule mag keine Konkurrenz und verändert, wo sie auftaucht, die Landschaft der Beutegreifer nicht selten durchaus erheblich. Da der Uhu aber auch Krähen, Tauben und Ratten frisst, ist er nicht selten sehr willkommen. Neben dem Straßenverkehr ist er auch einer der wenigen natürlichen Feinde des Igels.

Der typische Rüttelflug verrät den Turmfalken. Die meisten Turmfalken ziehen im Herbst fort, andere bleiben, wenn die Nahrungsgrundlage ausreicht.

Ein Junguhu hat sein Federkleid aufgestellt um größer zu wirken. Er fühlt sich bedroht.

Auf der Streuobstwiese bereitet sich eine andere Eule auf den Winter vor: Der Steinkauz findet noch einmal reiche Beute, weil das reife Obst ihre Lieblingsbeute, die Feldmäuse, anlockt. Ansonsten sind die kleinen Eulen nun schon wieder mit der Herbstbalz beschäftigt, die nach der erfolgreichen Aufzucht der Jungen auch dazu dient, sich den eigenen Nachwuchs für den kommenden Winter vom Leib zu halten und aus der elterlichen Obhut zu vertreiben. Der Steinkauz-Nachwuchs zieht dann weiter und sich in der näheren Umgebung eine Bleibe – inzwischen meistens eigens aufgehängte Brutröhren, da Brutplätze in Baumhöhlen mangels alter Obstbäume und Kopfweiden immer seltener werden.

Der miauende Ruf des Mäusebussards ist das ganze Jahr im Revier zu hören.

Oktober

Oktober du, Stille wird hörbar,
wenn weißer Nebel fällt;
der Geist, wie leicht doch zerstörbar,
an Bild um Bild sich hält:

Jede Färbung erfaßt er,
was reif hier steht und stumm,
nichts aus der Jahreszeit haßt er,
geht auch bei Gräbern um.

Neu ist mir Sinken und Ruhen,
so hab ichs nie gespürt.
Gehe mit raschelnden Schuhen
Wie einer, den man führt.

Nichts muß mehr überlegt sein.
Ein Blau so kühl und stet.
Die goldene Spreu wird der Weg sein:
Fortgehn, kein Winken. Valet.

Heinz Piontek

Im Aufwind:

Der Seeadler

Wenn der Herbst sein buntes Tuch über die Wälder rund um die Mecklenburger Seenplatte geworfen hat, dann sind die meisten Jungtiere schon einigermaßen selbstständig. Die Rehkitze begleiten ihre Mütter schon durch die Feldflur und haben fast ihr vorläufiges Endgewicht erreicht. Mindestens 12,5 Kilogramm sollten sie nun auf die Waage bringen – sonst droht der erste Winter auch ihr letzter zu werden.

Die Säugezeit der Wildschwein-Frischlinge ist dagegen schon vorbei und Fasan- und Rebhuhnküken streifen schon längst allein durch ihre Reviere. Auch die jungen Seeadler sind bereits flügge und besuchen die mächtige Knüppelburg, den Horst ihrer Eltern, nur noch sporadisch. Noch kann man die Jungadler gut von ihren Eltern unterscheiden, denn junge Adler sind braun befiedert, ihr Schnabel ist dunkelgrau. Erst im Alter von einigen Jahren, spätestens aber im fünften Sommer zeigen die Tiere ihr sogenanntes Adultkleid mit dem hellen Kopf, dann ist auch der Schnabel gelb und der zunächst dunkle Schwanz wird weiß. Erst mit der einsetzenden Geschlechtsreife wird der Seeadler seinem wissenschaftlichen Namen gerecht: Haliaeetus albicilla nennen ihn die Biologen, Weißschwänziger Meeradler. Der Herbst ist für die Jungadler noch eine Zeit des Lernens. Es gilt, die Zahl der Fehlversuche beim Beutemachen langsam aber sicher zu verringern, was im bevorstehenden Winter die Überlebenschancen deutlich erhöht. Beute ist dabei reichlich zu verteilen, denn die Seen und Flüsse sind noch nicht zugefroren und Fischnachwuchs ist reichlich vorhanden.

Erst im Alter von
einigen Jahren zeigen
die Seeadler ihr soge-
nanntes Adultkleid
mit dem hellen Kopf,
dann ist auch der
Schnabel gelb und
der zunächst dunkle
Schwanz wird weiß.

Lautes Rufen gehört zum Seeadlerleben. Kommunikation auf königlichem Niveau.

Also heißt es für den Adler: Einen Beobachtungsbaum besetzen und geduldig Ausschau halten oder im Suchflug das Revier in den Blick nehmen. Beute finden, mit dem Adlerauge fixieren und den Fischzug starten. Nur ein paar kräftige Flügelschläge, eine kurze Gleitphase, und der Jungadler ist schon 100 Meter weit auf sein Beutegewässer hinausgeflogen. Der Hals ist weit vorgestreckt, die mehr als zwei Meter Spannweite umfassenden Flügel liegen wie ein Brett in der Luft. Der Adler schiebt die Fänge nach vorne, winkelt die Flügel an und fällt gegen den Wind auf den Fisch herunter. Kurz vor dem Ziel breitet er die weißen Schwanzfedern zu einem bremsenden Halbkreis aus, stößt mit den gelben Fängen ins Wasser, packt die Beute, kurbelt sich aus der aufspritzenden Gischt in die Luft und fliegt in Richtung Wald. Der Fisch stellt sich als Aal heraus und baumelt in seinen Fängen. Minuten später ist er verspeist.

Nicht immer haben Seeadler diesen schnellen Jagderfolg, aber ausreichend oft, um deutschlandweit immer mehr Brutareale besetzen zu können. Und wenn im Herbst das Wasser der Fischteiche abgelassen wird, dann ist der Tisch noch reicher gedeckt als üblich. Kaum eine Anstrengung ist nötig, um im nun flachen Wasser die vergessenen Aale, Karpfen oder Forellen abzugreifen und sich satt zu fressen. Der Seeadler gilt als Opportunist – er investiert in die Nahrungsbeschaffung nicht mehr Energie als unbedingt nötig und nimmt deshalb auch gerne Aas.

Wenn nur die Konkurrenz nicht wäre. Denn wo viel Beute zu holen ist, treffen Seeadler stets auf freche Kolkraben oder nicht selten auch auf Artgenossen, mit denen sie durchaus in Streit geraten können. Mit ihren scharfen Krallen und dem noch schärferen Schnabel können sich die Mitglieder der Königsklasse unter den Adlern durchaus gegenseitig verletzen. Spektakulär anzuschauen sind zu dieser Jahreszeit die im Flug ausgefochtenen Rang- und Revierkämpfe. Vor allem die Jungadler drehen sich in rasantem Sturzflug umeinander und versuchen, sich mit den Krallen im Gegner zu verhaken, oder sie hacken sich mit den Schnäbeln. Den jungen Adlern dienen diese Kämpfe als Schule fürs Leben – im Erwachsenenalter werden sie sich immer wieder mit ihren Artgenossen in luftiger Höhe streiten und dann von den herbstlichen Erfahrungen als Jungvogel profitieren.

Der Seeadler gilt neben dem Kranich und dem Uhu als eine der Erfolgsgeschichten des Naturschutzes – und das vollkommen zu Recht. Schließlich hatte er noch um das Jahr 1900 vor dem Aus gestanden, war durch Bejagung in weiten Teilen Europas ausgerottet worden. Wie viele Seeadler durch Büchse, Falle oder Gift insgesamt auf der Strecke blieben, weiß niemand genau, aber die Staaten Europas zahlten Tötungsprämien für zehntausende Exemplare. Seeadler galten als die Bösen, als Nahrungskonkurrenten die fressen, was der Mensch für sich alleine will. Um 1900 lebten im Gebiet der heutigen Bundesrepublik dann keine 20 Seeadlerpaare mehr. Nur in Russland und in Skandinavien lebte noch eine nennenswerte Anzahl.

Wenn nur die Konkurrenz nicht wäre. Wo viel Beute zu holen ist, treffen Seeadler stets auf freche Kolkraben oder nicht selten auch auf Artgenossen, mit denen sie in Streit geraten.

Erst langsam begann vor etwa 100 Jahren ein Umdenken – eingeleitet von verständigen Förstern, die den Wert der einzelnen Arten für das Gesamtgefüge aller Lebensräume erkannten, und beflügelt durch das Buch »Die letzten Adler«, das der politisch später nicht unumstrittene schwedische Tierfotograf und Schriftsteller Bengt Berg 1927 veröffentlichte. Fortan wurden vielerorts die Adler geschont, und die Bestände stiegen langsam wieder an.

Der Aufschwung wurde allerdings jäh beendet, als man nach 1945 damit begann, das Insektenvernichtungsmittel DDT in der Landwirtschaft einzusetzen. Es reicherte sich bevorzugt in den Beutetieren der Adler und damit auch im Fettgewebe der Greife selbst an und machte ihre Eierschalen dünn und brüchig. Der Bruterfolg sank dramatisch, erst Anfang der 1970er-Jahre wurde DDT in Europa verboten. Die Adlerbestände hatten sich bis zu diesem Zeitpunkt auf niedrigem Niveau erhalten und waren Ausgangspunkt für die Rückkehr nach fast ganz Europa.
Heute gibt es allein in Deutschland mindestens 750 und damit mehr Brutpaare denn je, europaweit sind es gut 2000, weltweit etwa 12000. Der einmalige Aufschwung gelang, weil nach dem DDT-Schock ehrenamtliche Naturschützer in Westdeutschland um jedes Küken kämpften und Adlerhorste rund um die Uhr bewachten, und weil in Ostdeutschland die Lebensräume der Greifvögel großzügig geschützt wurden.

Vor etwa 100 Jahren begann ein langsames Umdenken. Der Seeadler wurde nicht mehr gnadenlos verfolgt.

Inzwischen profitiert der mit bis zu 2,50 Metern Spannweite größte europäische Adler überraschend auch von der Überdüngung der Landschaft, die die Zahl der Beutefische stark ansteigen ließ – sie stellen den größten Anteil an ihrer Nahrung.
Außerdem stehen Wasservögel auf der Speisekarte – Blässhühner, Gänse und Enten werden vor allem im Winter intensiv gejagt. Nur rund drei Prozent der Nahrung stellen Säugetiere, die meistens als Aas aufgenommen werden. Gern nimmt der Adler deshalb Verkehrsopfer mit auf den Speiseplan, auch der Aufbruch von erlegter Jagdbeute wird dankend genutzt.

Was aber macht den Seeadler zum Faszinosum für den Menschen? Schließlich ziert seine Silhouette Fahne und Insignien mehrerer Staaten, allen voran Deutschland.
Vermutlich hat seine Position an der Spitze der Nahrungskette beim Aufschwung zum Staatstier eine entscheidende Rolle gespielt. Der Seeadler hat keinen Fressfeind, er ist ein Jäger der Spitzenklasse. Sein starrer Blick, seine Größe, die mächtigen Fänge, der Schnabel: alles ist groß am Seeadler und machte ihn einst zum König der Lüfte und zum Vogel der Könige.
Die Germanen brachten ihn mit Odin in Verbindung. Er saß dabei auf dem obersten Zweig des germanischen Weltenbaumes und wachte als »viel wissender Adler« und Schutzherr über die Welt der Menschen. Er war Symbol für Unsterblichkeit und Mut, Träger der menschlichen Seele nach dem Tod, Spender von Licht, Fruchtbarkeit und vor allem Macht. Und noch wichtiger: Den Adler hält keine Grenze, er scheint frei wie der Wind, unerreichbar frei. Das Wort Adler hat sich aus der mittelalterlichen Bezeichnung »Edel-Aar« entwickelt, was so viel heißt wie »edler Vogel«. In Deutschland hat er es zum Staatssymbol geschafft, wenngleich – das sei hier betont – nicht sicher ist, ob am Ende See- oder Steinadler Modell standen.

Vermutlich wird der Seeadler den Aufwind weiter nutzen, in dem er seit einigen Jahrzehnten segelt, ein Ende der Bestandszunahme ist jedenfalls nicht in Sicht. Dennoch könnte seine Lage noch besser sein: Bleivergiftungen lassen Adler sterben – die Tiere nehmen das Schwermetall auf, indem sie Innereien von Tieren fressen, die mit bleihaltiger Munition geschossen wurden. Andere Adler verenden an Stromtrassen, Windrädern und Bahngleisen.

Sommerbild

Ich sah des Sommers letzte Rose stehn,
Sie war, als ob sie bluten könne, rot;
Da sprach ich schauernd im Vorübergehen:
»So weit im Leben, ist zu nah am Tod!«

Es regte sich kein Hauch am heißen Tag,
Nur leise strich ein weißer Schmetterling;
Doch, ob auch kaum die Luft sein Flügel-
schlag
Bewegte, sie empfand es und verging.

Friedrich Hebbel

Verehrte Geschichtenerzähler:

Herbstbäume

Still und starr
steht kein Baum im
Herbst. Vom Wind
durchweht strotzt
er jetzt, so kurz vor
der Winterruhe,
noch einmal vor
Leben. Gelb leuchten
die Blätter von
Eiche und Buche,
rot die des Ahorns,
und langsam aber
sicher bekommen
Herbstschritte einen
raschelnden Klang.
Stille wird hörbar.

Ein Geschichtenerzähler: Dieser Baum wurde vor langer Zeit gekappt und bildete eine breite Krone aus.

Ein alter Baum beflügelt die Fantasie des Menschen – sein Lebenslauf vom Keimling bis zum Veteranen erinnert so sehr an den eines Menschen, dass viele Lieder und Gedichte über Bäume gesungen und geschrieben wurden. Wie alt mag das Exemplar sein, dem man gerade gegenübersteht und dessen Stamm der Mensch nur umfassen kann, wenn er mit anderen eine Kette bildet? 100 Jahre, 250 Jahre oder gar 1000?

Die meisten Bäume sind jünger als der erste Anschein glauben macht – der Stammumfang gibt nicht nur Auskunft über das Alter, sondern auch über die Bodenqualität. Wer viel Wasser und Nahrung aufsaugen kann, wächst eben schneller in die Breite, was ja auch beim Menschen nicht anders ist. Baum ist nicht gleich Baum, das leuchtet ein. Was aber überrascht ist die Tatsache, dass viele deutsche Baumveteranen, die es zu bescheidener Berühmtheit gebracht haben, keineswegs ohne Einfluss des Menschen aufgewachsen und so alt geworden sind. Hofeichen wurden als Glücksbringer stets besonders gepflegt, Linden auf dem Dorfplatz gehätschelt, weil man unter ihnen so schön tanzen und im sommerlichen Schatten verweilen kann, Eiben hat man als Symbole von Tod und ewigem Leben in Form gehalten.

Eine besondere, ganz eigene Rolle spielen die Hudebäume, deren Antlitz zwar Wildheit vortäuscht, aber durch das Gegenteil entstanden ist. In vielen Regionen Deutschlands waren Hudewälder eine Grundlage für die Ernährung der Menschen. Denn die Bauern trieben ihr Vieh hinein und Rinder, Pferde, Schafe, Ziegen und Schweine fraßen, was ihnen vor Schnauze und Maul kam und machten aus dem dichten Wald langsam eine halboffene Landschaft.

Der Lebensraum des Buntspechtes ist alter Wald mit Totholz. Der Eichelhäher dagegen pflanzt jungen Wald.

Beim Fressen jäteten sie nebenbei Keimlinge oder traten Eicheln und Bucheckern an versteckter Stelle so tief in den Boden, dass sie heimlich groß werden konnten. Vor allem dort, wo Schlehe, Weißdorn, Ilex oder Brombeere mit ihren Stacheln einen grünen Schutzschild gegen die hungrigen Viehmäuler bildeten, konnten Bäume überhaupt noch keimen.
Langsam aber sicher streckten sie Jahr für Jahr neue Triebe in den Himmel, und solange sie noch in Reichweite von Kuh- und Pferdemaul waren, knabberten die Vierbeiner die obersten Spitzen immer wieder ab, ohne den Baum nachhaltig zu schädigen. Allerdings wurden vor allem Eichen durch den Verbiss dazu angeregt, immer mehr in die Breite zu wachsen und enorm große Kronen auszubilden. Irgendwann waren sie so groß, dass sie ihren stacheligen Schutzschirm so stark beschatteten, dass er einging. Übrig blieben beeindruckende Einzelbäume, die ohne Kenntnis ihrer Geschichte so natürlich wirken wie sonst kaum einer der großen Riesen.

Der Mensch nutzte auch das Holz der Hudewälder, köpfte die Bäume in einigen Metern Höhe gezielt, damit sie mehr Triebe ausbildeten, die dann, in zwei oder drei Jahrzehnten, mehr Eicheln für die Schweine abwarfen als ein natürlich in die Höhe wachsender Baum. Auch zahllose Wildtiere profitieren von der Eichelpracht – nicht zuletzt der Eichelhäher oder das Eichhörnchen, die nun ihrerseits eifrig Vorräte anlegen – die sie, das ist allgemein bekannt, nicht immer alle wiederfinden und so zur Ausbreitung der Bäume beitragen.
Unsere Vorfahren ernteten auch Laubheu, sie schnitten (schneitelten) die frischen Sommertriebe und hängten sie zum Trocknen auf. Im Herbst verfütterten sie das Blattgut an ihr Vieh. Die Bäume veränderten dadurch ihren Charakter, sie wurden zu jenen breit ausladenden Riesen, die wir heute so gerne betrachten.

Wer sich nun im Angesicht eines Hudebaumes fragt, was er wohl erlebt haben mag, kann Wer sich nun im Angesicht eines Hudebaumes fragt, was er wohl erlebt haben mag, kann sich mit dem Wissen um die Geschichte der Hudelandschaften bildhaft vorstellen, wie sich vor vielen Jahrhunderten Menschen genau an diesem Baum ans Werk gemacht hatten, um ihr eigenes Auskommen zu sichern. Viele Hudebäume werden besonders alt, vermutlich, weil sie durch die Nutzung immer aufs Neue dazu angeregt werden, um das eigene Überleben zu kämpfen. Nicht wenige hatten schon einen passablen Stammumfang erreicht, als zum Beispiel Columbus im Jahr 1492 Amerika entdeckte.

Und seitdem, seit vielen Jahrhunderten schon, schüttelt der Baum im Herbst einen Teil seines Lebens ab. Weil die Wurzeln in der kalten Jahreszeit weniger Wasser aufnehmen können, stören die Blätter – sie verdunsten zu viel der kostbaren Flüssigkeit und müssen fallen. Aber nichts ist nutzlos in der Natur, der Baum entzieht seinen Blättern zunächst noch Proteine und Nährstoffe und baut das grüne Chlorophyll ab, jenes Kleinkraftwerk, das für den Baum die Photosynthese übernommen hat.

Gibt´s schon Bucheckern?

Wildschwein im Herbstwald.

Sein Rückzug macht den Blick frei auf die darunter liegenden gelblich-grünen Carotinoide, die im Blatt das Chlorophyll vor der Zerstörung durch das Sonnenlicht bewahrt haben. So lässt sich ein Teil der Blattfärbung erklären, die kräftig roten Herbstblätter verdanken ihren Farbanstrich zum Beispiel dem Farbstoff Anthocyan, dessen Funktion noch weitgehend unklar ist.

Die bunten Blätter fallen nicht nutzlos zu Boden – sie bilden dort die Laubschicht und bieten Futter für einen Mikrokosmos aus Laub zersetzenden Regenwürmern, Asseln oder Milliarden von Pilzen und Bakterien – die Recyclingabteilung des Waldes leistet Gigantisches und hilft dabei, den Kreislauf des Lebens in Gang zu halten. In speziellen Waldbodenfallen lassen sich pro Quadratmeter rund 5000 Tiere mit einer Größe von zwei Millimetern und mehr fangen. Und in einem einzigen Löffel Walderde leben mehr Organismen, als es Menschen auf der Erde gibt. Diese unterirdische Müllabfuhr beseitigt je nach Waldart bis zu 20 Tonnen abgestorbene Blätter, Äste und Nadeln pro Hektar. Und sie sorgt für den ganz eigenen Geruch des Herbstes, der sich mit einer Mischung aus kühler Frisch und modriger Feuchtigkeit auszeichnet. Ein intensiver Herbstspaziergang durch den Wald bleibt im Gedächtnis – wegen der Farben, weil die Blätter rascheln und weil es duftet.

Landschaften, das zeigen nicht nur die Hudegebiete, befinden sich stets im Wandel, weil der Mensch sie den eigenen Bedürfnissen anpasst. Deshalb bleiben sie nur selten so erhalten, wie sie vor Jahrhunderten gewesen sind. Oft sind es nur glückliche Zufälle, die zum Bewahren beispielsweise jener Hudelandschaften führen, zu denen auch Heiden und Wacholderhaine gehören.

Nichts ist nutzlos in der Natur:

Im Herbst entzieht der Baum seinen Blättern Proteine und Nährstoffe.

Die Herbstbäume fruchten und der Winter kann kommen.

Steinmarder

Eichhörnchen

Luchs

Hermelin

Baummarder

Wildschwein

Der Wald ernährt zahllose Geschöpfe und bietet ihnen Lebensraum in im Astwerk, in Baumhöhlen oder im Unterholz.

Wer eine violett blühende Heide besucht, kann sich kaum sattsehen am Überfluss der Spätsommerfarben und könnte sich doch fragen, warum der Wald nicht die Regie übernimmt im Offenland. Und auch hier gilt: ohne den Menschen und die Beweidung durch Schafe, gäbe es keine Heide.
Die meisten dieser alten Lebensräume auch des Menschen sind inzwischen verschwunden weil man sie nicht mehr benötigte. Die verbliebenen alten Landschaftstypen können dennoch bis heute als lebendiges Museum dienen – wenn wir den Blick entsprechend schärfen.
Warum aber – diese Frage stellt sich noch – sollen alte Landschaften überhaupt erhalten werden, wo sie doch nicht so nützlich sind wie ihre modernisierte Umgebung, ihre Produktivität weit hinter der heute benötigten hinterherhinkt und sie doch nur hohen Aufwand für eine angepasste Pflege verlangen?
Als Antwort taugt erstens der Hinweis auf die enorm hohe Artenvielfalt, die zum Beispiel Hudewälder aufweisen. Sie werden viel naturnäher genutzt als die heute üblichen Äcker und Wiesen – manch ein seltener Vogel zieht sich deshalb mit Vorliebe in diese Art von Zweitwohnung zurück. Auch Heiden beherbergen Spezialisten, die auf den Erhalt ihres Lebensraumes angewiesen sind. Zweitens handelt es sich bei Landschaften eben auch um einen Teil der menschlichen Kultur. Sie zu erhalten ist genauso begründbar wie das Bewahren eines alten Hauses, das zwar anschaulich darüber berichtet, wo der Mensch von heute einen Teil seiner Wurzeln hat, ansonsten aber unbequem, veraltet und ebenso angeblich nutzlos sein kann wie eine Heidefläche.

Drittens gibt es eine zugegeben wenig logische Begründung: Offene Landschaften werden von vielen Menschen ebenso wie alte Bäume als schön empfunden. Manch einem dürfte schon diese Antwort ausreichen. Und so lohnt sich auch im Herbstwald ein wacher Blick auf Baumveteranen, die eine Geschichte erzählen könnten, mit der auf den ersten Blick nicht zu rechnen wäre.

Späte Zeit

Still das Laub am Baum verklagt,
Einsam frieren Moos und Grund.
Über allen Jägern jagt
hoch im Wind ein fremder Hund.

Überall im nassen Sand
liegt des Waldes Pulverbrand,
Eicheln wie Patronen.

Herbst schoß seine Schüsse ab,
leise Schüsse übers Grab.

Horch, es rascheln Totenkronen,
Nebel ziehen und Dämonen.

Peter Huchel

Verkannter König:

Hirschbrunft in der Heide

Gänsehaut, daran erinnern sich viele, die zum ersten Mal die Brunft der Rothirsche erlebt haben. Frühmorgens oder abends kurz vor der Dämmerung, wenn die Hirsche ihren Brunftplatz betreten, ist es jetzt im Herbst manchmal schon recht kalt.

Aber die Temperaturen sind nicht Auslöser des wohligen Schauers, der vielen Beobachtern vor allem beim Anblick der prächtigen Platzhirsche über den Rücken läuft.

Es sind Kraft, Anmut und Energie, die hier zur Schau gestellt werden und beeindrucken. 200 Kilogramm und mehr werfen die Hirsche in ihrer Arena in den Ring, sie brüllen, rufen, sabbern, schwitzen, springen und kämpfen als gäbe es kein Morgen. Zugegeben: Nach menschlichem Maßstab gemessen, erscheint das Fortpflanzungsgebaren der Hirsche recht anstrengend. Denn der Gewinner bekommt fast immer fast alle Damen aus dem sogenannten Kahlwildrudel, in dem sich Hirschkühe und der Vorjahresnachwuchs zusammentun. Nur der Sieger aller Kämpfe erhält dutzendfach die Chance, seine eigenen Gene weiterzugeben. Die Beihirsche, also die in den Kämpfen unterlegenen Bullen, gehen meistens leer aus.

Den Gegner einschüchtern – da ist jedes Mittel recht.

Jahrelang kann deshalb ein einzelner Hirsch sein Rudel dominieren, allerdings nur, wenn er sich immer wieder, Herbst für Herbst, gegen seine Konkurrenten durchsetzt. So hat es die Natur für die Hirsche vorgesehen – der Stärkste soll seine Gene so oft wie möglich weitergeben und so den Erhalt der Art sichern.
Den meisten Menschen ist Derartiges nicht nur fremd, sondern es wäre wohl auch viel zu anstrengend. Schließlich muss der Platzhirsch nicht

nur Konkurrenten wegbrüllen, sie im Kommentkampf stellen, in dem es mehr ums Paradieren und Beeindrucken geht als ums das Verletzen. Oder er muss, wenn das Bluffen nichts bringt, letztendlich im verletzungsanfälligen Nahkampf gegen seine Gegner antreten. Zusätzlich gilt es, auch alle Hirschkühe beisammen zu halten, denn nicht selten verlässt die eine oder andere die Arena, um sich einem anderen Rudel anzuschließen oder einfach auf einen zweiten männlichen Hoffnungsträger zu setzen.

Der Platzhirsch muss auch alle seine Angebeteten beisammen halten und nicht selten verlässt die eine oder andere Hirschkuh die Arena …

Ein König der Wälder: Der stolzeste Geweihträger, das Symbol für die Macht von Adel und Königen ...

Wer ist der Chef im Ring?

Viel zu tun gibt es also für den großen Wiederkäuer der Wälder, der in vielen Wohnzimmern in Öl gepinselt über dem Sofa hängt und dabei doch eigentlich eine missverstandene Figur in unserer Natur darstellt. Zwar war der Rothirsch über Jahrhunderte das größte Säugetier, die begehrteste Beute, der stolzeste Geweihträger, das Symbol für die Macht von Adel und Königen ebenso wie für die Ohnmacht ihrer Gefolgschaft und vor allem zuletzt: er war König der Wälder. Aber vieles hat sich geändert am Leben des Rotwildes, und ein König ist er schon lange nicht mehr.

Denn in Bayern zum Beispiel lässt sich ab und zu schon mal wieder ein Braunbär blicken und macht ihm den Führungsanspruch zumindest im Wald ebenso streitig wie der Wolf, der in viele Regionen Deutschlands zurückgekehrt ist. In Brandenburg ist mit dem Elch eine noch größere Hirschart dabei, sich in deutschen Wäldern wieder anzusiedeln. Und im nordrhein-westfälischen Rothaargebirge streifen seit 2013 sogar wieder Wisente durch Forst und Schonung, und kein Zaun hält sie auf. Mit einem Gewicht von bis zu 800 Kilogramm beim großen Wildrind ist die Frage nach dem König der Wälder wohl entschieden. Und selbst die Kegelrobbe an Deutschlands Küste wird mit ihren bis zu 300 Kilogramm viel schwerer als selbst der kapitalste Rothirsch mit seinen bis zu 250 Kilogramm.

Der Gewinner

bekommt fast immer

fast alle Damen aus

dem sogenannten

Kahlwildrudel,

in dem sich

Hirschkühe und der

Vorjahresnachwuchs

zusammentun.

Was also machte ihn zum König der Wälder? Nun, eigentlich nichts, außer seiner Vergangenheit, in der er lange Zeit der größte jagdbare Vertreter der heimischen Tierwelt war. Aber beim Lebensraum Wald gehen die Probleme schon weiter – zwischen Eichen und Buchen hatte der Hirsch lange Zeit nur wenig zu suchen. Er ist eigentlich ein Steppenbewohner und wurde letztlich vom Menschen in den Wald zurückgedrängt. Wenn der Hirsch sich verhalten dürfte, wie er veranlagt ist, würde er durch Felder, Weiden und Heiden streifen, alte Wanderwege wieder austreten und durchaus häufiger hier und dort zu sehen sein.

Aber so ist es eben längst nicht mehr. Schon im Mittelalter beanspruchten die Machthaber in Europa den Rothirsch mit seinem großen Geweih und der schmackhaften Keule allein für sich – das gemeine Volk durfte ihn nicht jagen, auch dann nicht, wenn der Hirsch massive Ernteschäden verursachte oder den Wald an der natürlichen Verjüngung hinderte. Im Emsland in Niedersachsen hat der aus dem Hause Wittelsbach stammende Kurfürst und Erzbischoff von Köln Clemens August im 18. Jahrhundert

sogar ein eigenes Schloss zu Ehren der Jagd und speziell wegen des damals noch hier vorkommenden Rothirsches erbauen lassen. Ein Ort der Jagd sollte das Schloss sein, frei von Politik und schwierigen Entscheidungen. Heute steht nur noch das Gemäuer in alter Pracht, und der Hirsch, die einstige Krone des Waidwerkes, ist vertrieben und doch ein Politikum geblieben.

Denn bis heute gilt er als ein Problem, jedenfalls überall dort, wo zu viel Rotwild auf zu wenig Wald trifft: Hirsch fressen Baumaufwuchs – notgedrungen allerdings, da sind sich die meisten Biologen heute einig. Denn würden nicht der intensive Straßenverkehr, die noch intensivere Nutzung der Feldlandschaft und gleichzeitig der hohe Jagddruck den Hirsch in den Wald zurückdrängen, und würde man ihm nicht alte Wanderwege durch Autobahnen versperren, müsste er sich nicht nur im Wald von Baumrinde und Keimlingen ernähren, sondern könnte sich – so wie einst – flächendeckend auch außerhalb an Kräutern laben. Die Realität sieht eben anders aus: Rothirsche dürfen nur noch in wenigen kleinen bis großen Reservaten leben. Wer diese Zonen verlässt, lässt meistens auch alsbald sein Leben.

Halboffene Parklandschaften waren einst Heimat der Hirsche.

Auf der Speisekarte des Menschen steht der Rothirsch schon seit der Steinzeit, was Höhlenmalereien belegen. Seit einigen Jahren ist auch die so genannte Megaherbivorentheorie populär. Sie besagt, dass Mitteleuropa vor dem Eingreifen des Menschen nicht, wie angenommen, überall aus dichtem Hochwald bestand. Vielmehr haben große Grasfresser, die Megaherbivoren, dafür gesorgt, dass auch lichte Wälder entstanden, die den heutigen Hudewäldern ähnelten – etwa dem Borkener Paradies bei Meppen in Niedersachsen. Zu den großen Megaherbivoren zählten Wisent, Auerochse, Elch und Wildpferd, und eben auch der Rothirsch. Sie beeinflussten der Theorie zufolge ihre Umwelt so, dass halboffene Parklandschaften und nicht nur reine dichte Wälder vielerorts das Landschaftsbild prägten – und genau das entspräche ja viel mehr dem Lebensraum der Hirsche als der Forst von heute.

Macht und Stärke werden am besten lautstark vermittelt.

Auf die Hirschkühe macht es Eindruck.

Vielleicht deshalb zieht es sie im Herbst zur Brunft immer wieder auf die schönsten offenen Lichtungen, die der Wald zu bieten hat. Hier ist Platz zum Schwung holen für den nächsten Kampf, und der Wald im Hintergrund bietet den besten Resonanzkörper für das Röhren der Kolosse.
Raue Bässe lassen dann die Luft vibrieren, die Hirsche röhren, orgeln und schreien sich die Seele aus dem Leib, nur um zu sagen: ich bin der Stärkste. Die Sonne geht immer früher unter in diesen Herbsttagen, und wenn die Nächte kälter werden, regt sich der Rothirsch am liebsten. Warme Brunftnächte bleiben weitgehend ruhig – den großen Tieren ist es wohl zu anstrengend, wenn der Sommer nicht weichen will.

Mit dem Flehmen kann der Hirsch Sexualduftstoffe der Weibchen aufnehmen.

Der dominierende Platzhirsch kommt nun nicht mehr zur Ruhe – er muss Witterung aufnehmen und den kurzen Zeitpunkt abpassen, in dem eine Hirschkuh empfängnisbereit ist. Nur zwei oder drei Eisprünge pro Brunft hat eine Kuh, jeweils nur ein oder zwei Tage lang ist sie dann fruchtbar. Sie zeigt das unter anderem durch den angehobenen Schwanz an, vor allem aber kann der Bulle anhand von Sexualduftstoffen, den Pheromonen, riechen, ob sich ein Kräfte zehrender Deckakt lohnt. Der Platzhirsch nimmt die Duftstoffe durch das Flehmen war – er zieht dafür die Oberlippe hoch und saugt die Umgebungsluft über das sogenannte Jacobson-Organ. Diese besondere Entwicklung des Riechkolbens besitzen nicht nur Rothirsche, sondern zum Beispiel auch Schafe, Gämsen oder Elefanten. Sie alle nutzen das Riechorgan vor allem zur Paarungszeit. Ist eine Hirschkuh also für kurze Zeit fruchtbar, sind Schnelligkeit und Ausdauer gefragt – jedenfalls für die Hirschbullen. Die Kühe, von den Jägern nur einfach Tiere oder Stücke genannt, können sich schließlich den stärksten Partner als Vater für ihre Kälber aussuchen. Sie müssen nicht kämpfen.

Kurz und kräfte-
zehrend: Deckakt
im Rothirschrudel.

Alles unter Kontrolle: Kontaktaufnahme mit den Kühen.

Bis zum Beginn der Brunft bildeten Geweihträger und Kahlwild getrennte Rudel, aber jetzt, da es um die eigene Fortpflanzung geht, werden zumindest bei den Bullen aus Freunden Konkurrenten. Die älteren Tiere melden ihre Ansprüche an und geraten auch als erste aus der eigenen Gruppe in Paarungsstimmung.

Treffen zwei kapitale Exemplare aufeinander, schieben sie sich mit dem Gehörn vor und zurück, fuchteln hölzern scheppernd mit acht oder zehn Enden, manchmal auch mehr. Sie messen ihre Kräfte, stolzieren, röhren – und die Damenwelt schaut meistens gar nicht hin. So jedenfalls sieht es oft aus, wenn die Hirschkühe in aller Ruhe weitergrasen, ohne die Köpfe zu heben. Aber sie nehmen durchaus wahr, welcher der Bullen die Nase vorn hat.
Die Kämpfe der Hirsche sind dabei nicht auf das Verletzen oder den Tod des Gegners angelegt – das wäre für die Arterhaltung auf Dauer nicht gut. Aber wenn sich zwei mächtige Geweihe unglücklich ineinander verhaken und nicht mehr lösen lassen, werden die beiden Rivalen manchmal doch zu Partnern im Tod – beide Tiere verhungern. Rund fünf Prozent der Hirschbullen sollen in Deutschland Jahr für Jahr als Folge der Brunftkämpfe sterben.

Königlich: Der Rothirsch röhrt. Ein ergreifender Moment nicht nur für Jäger.

Meistens sind die Platzhirsche aber allein durch ihr Imponiergehabe in der Lage, einen Rivalen vom Kahlwildrudel fernzuhalten. Mit intensiven Rufduellen beginnt die Auseinandersetzung, immer lauter und schneller, immer hektischer röhren die Hirsche einander an. Kommen sie in Sichtweite, starten die Tiere nicht selten ein Parallelgehen, sie zeigen sich also die Breitseite und hoffen, den Rivalen damit abzuschrecken. Wenn auch das nichts nützt, werfen sie sich zeitgleich herum und schlagen die Geweihe gegen- und ineinander. Dabei geht dem eigentlichen Kampf fast immer eine einheitliche Vierteldrehung der Hirsche voraus – eine Art Signal, dass es jetzt ernst wird, und zugleich eine Lebensversicherung, weil die Geweihe nun frontal aufeinanderprallen und die Hirsche sich nicht so schnell verletzen.

Der Kampf selbst ähnelt dabei ein wenig dem menschlichen Tauziehen – nur mit umgekehrten Vorzeichen. Die Hirsche schieben sich gegenseitig durch die Brunftarena, und der Stärkere gewinnt. Der Unterlegene wirft sich herum und flüchtet. Auch wenn die Kommentkämpfe nicht auf die Verletzung des Gegners ausgerichtet sind, tragen doch die meisten Platzhirsche im Laufe der Brunft Verletzungen davon, etwa abgebrochene Geweihstangen oder Augenverletzungen.

Nach der Paarungszeit sind die Hirsche abgebrunftet, wie der Waidmann sagt. Sie haben bis zu 30 Kilogramm Gewicht verloren und müssen nun zusehen, dass sie bis zum Winter wieder auf ein einigermaßen gutes Gewicht kommen. Und wenn sie dann bei Frost und Schnee wie in Trance die letzten kärglichen Futterreste am Boden hervorscharren, erinnert nichts mehr an die gewaltige Energie, mit der sie noch vor wenigen Wochen um die Gunst der Kühe und um die Weitergabe der eigenen Gene gekämpft haben. Das rote Sommerfell, das den Tieren ihren Namen gab, ist nun einem graubraunen Winterpelz gewichen.

Die Brunft der Hirsche ist eines der eindrucksvollsten Schauspiele, die die heimische Natur überhaupt und speziell im Herbst bietet. In diesem Fall ist sie nicht Erntezeit, sondern der Beginn neuen Lebens.

Abschied

O Täler weit, o Höhen,
O schöner, grüner Wald,
Du meiner Lust und Wehen
Andächtger Aufenthalt!
Da draußen, stets betrogen,
Saust die geschäftge Welt,
Schlag noch einmal die Bogen
Um mich, du grünes Zelt!

Wenn es beginnt zu tagen,
Die Erde dampft und blinkt,
Die Vögel lustig schlagen,
Daß dir dein Herz erklingt:
Da mag vergehn, verwehen
Das trübe Erdenleid,
Da sollst du auferstehen
In junger Herrlichkeit!

Da steht im Wald geschrieben
Ein stilles, ernstes Wort
Von rechtem Tun und Lieben,
Und was des Menschen Hort.
Ich habe treu gelesen
Die Worte, schlicht und wahr,
Und durch mein ganzes Wesen
Wards unaussprechlich klar.

Bald werd ich dich verlassen,
Fremd in der Fremde gehn,
Auf buntbewegten Gassen
Des Lebens Schauspiel sehn;
Und mitten in dem Leben
Wird deines Ernsts Gewalt
Mich Einsamen erheben,
So wird mein Herz nicht alt.

Joseph von Eichendorff

Helgoland im Herbst:

Unter Robben

Das Rauschen des Meeres ist ihr ständiger Begleiter: Kegelrobben und Seehunde sind den Elementen Wind und Wasser in recht extremer Weise ausgeliefert. Auch wenn sie daran bestens angepasst sind, schätzen sie doch die vergleichsweise geschützte Lage einiger Strände Helgolands. Deutschlands einzige Hochseeinsel ist seit gut 20 Jahren wieder Lebensraum des – und das ist zunächst eine Überraschung – größten heimischen Landraubtiers.

Denn mit bis zu 220 Kilogramm Lebendgewicht kann den Robbenmännchen derzeit hierzulande kein anderer Räuber das Wasser reichen. Ihren Lebensunterhalt bestreitet die Kegelrobbe ebenso wie der Seehund, mit dem sie den Lebensraum teilt, mit Fisch, und genau dieser Appetit auf Grätengetier war ihr einst sehr übel genommen worden. Wegen ihres vergleichsweise wertlosen Fells wurde die Kegelrobbe im Gegensatz zum Seehund praktisch nie bejagt, als Nahrungskonkurrent der Fischer hat man sie vielerorts ausgerottet, so auch in großen Teilen der Nordsee.

Helgoland war in seiner wechselvollen Geschichte schon Seefestung, Piratennest und Butterfahrten-Eldorado. In den vergangenen 20 Jahren hat sich auf der Helgoländer Düne nun noch ein besonders wichtiger Rast- und Wurfplatz entwickelt – er bietet Schutz vor Sturmfluten, und das lässt die Robben, die eigentlich steinige Küsten bevorzugen, in langsam steigender Zahl auf Helgoland anlanden. Sie sind relativ zutraulich, weil sie selbst nie gejagt wurden und keine schlechten Erfahrungen mit dem Menschen gemacht haben. Ursprünglich stammen sie wohl von der Küste Großbritanniens, wo heute noch der größte Teil der rund 100000 Exemplare umfassenden Weltpopulation lebt.

2800 Kegelrobben gibt es an der deutschen Küste.

In Deutschland wird der Bestand auf 2800 Tiere geschätzt, die nicht nur auf Helgoland, sondern auch in Teilen des Wattenmeers leben. In der westlichen Ostsee hat man Kegelrobben so gründlich ausgerottet, dass heute nur noch vereinzelte Exemplare vorkommen.

Auf Helgoland schätzen die Tiere nicht nur die behagliche Düne, sondern auch den Zuckertang, eine Braunalgenart, die besonders viel Jod und Brom enthält. Die Robben wissen, dass die Inhaltsstoffe der Algen bei der Wundheilung helfen und legen sich deshalb im Bedarfsfall auf die ans Ufer gespülten Tanghaufen.
Die Kegelrobbe ist vom Seehund sehr gut zu unterscheiden – sie ist größer und massiger, vor allem aber besitzt sie eine andere, kegelförmige Kopfform. Überraschenderweise hat sie der Art aber nicht zu ihrem Namen verholfen, er geht auf die kegelförmigen Zähne zurück.

Kegelrobben sind die einzigen Großsäugetiere, die im Herbst Nachwuchs bekommen.

Im Herbst finden sich die Kegelrobben wieder zu Kolonien zusammen, um sich auf die Geburt ihrer Jungen so etwa ab November und die kurz darauf bevorstehende Paarungszeit vorzubereiten. Die Tiere werden nun regelrecht geschwätzig. Sie kommunizieren über ein lautes Geheule miteinander, das sich mit dem Gekreische der Möwen und dem zehntausender Zugvögel sowie dem Tosen des herbstlichen Meeres mischt. Die großen Bullen sind dabei ganz gut herauszuhören, weil sie einen schnarchenden, knarzenden und tieferen Ton von sich geben als die Weibchen. In die herbstliche Geruchsmischung aus Salz, Gischt, Tang und Sand mischen die Bullen noch eine Prise Moschus.

Das Fortpflanzungsverhalten erinnert ein wenig an das der Hirsche: Ein Bulle bildet aus bis zu sechs Weibchen einen Harem, den er gegen Konkurrenten verteidigt. Vier Wochen nach der Geburt sind die

Nur wenige Wochen nach der Geburt der Jungtiere beginnt schon wieder die Brunft.

Während die Mutter ihr zwei Wochen altes Jungtier noch regelmäßig säugt, wartet der Bulle schon auf seine Gelegenheit. Denn schon in zwei Wochen wird der Nachwuchs entwöhnt und die Mutter ist wieder empfängnisbereit.

Robbendamen schon wieder fortpflanzungsbereit. Die Jungen kommen mit einem weißen, flauschigen Fell, dem sogenannten Lanugofell, und natürlich großen, sympathischen Knopfaugen zur Welt. Das Kindchenschema wirkt auch hier, zieht Jahr für Jahr mehr Touristen an. Vor Kälte sind die Jungen gut geschützt, und ihre Mutter unternimmt schon bald stundenlange Beutezüge, in denen der Nachwuchs in der Kolonie alleine bleibt. Das Babyfell würde sich mit Wasser vollsaugen und ist deshalb zum Schwimmen nicht geeignet. Die Jungtiere folgen den Alten erst nach vier bis fünf Wochen für kurze Ausflüge ins Wasser. Bis dahin müssen sie sich mit der extrem fetthaltigen Muttermilch eine dicke Speckschicht antrinken, die vor der Kälte der Winternordsee schützt.

Kegelrobben und Seehunde sind übrigens recht wehrhafte Tiere und in direktem Kontakt mit dem Menschen meistens gar nicht so niedlich, wie sie aussehen.

Kegelrobben leben zur Setzzeit in einer schützenden Kolonie.

Naturschutzbeauftragter Rolf Blädel greift und markiert ein Jungtier und bringt es zur Aufzuchtstation. Es wurde von seiner Mutter getrennt.

Die Mütter verteidigen ihre Jungtiere entschlossen. Auf Helgoland werden Robben und Seehunde sogar bewacht: Robbenjäger und Naturschutzbeauftragter Rolf Blädel zählt und markiert die Jungtiere der Kolonien, wenn die Mütter gerade auf Fischfang sind. Blädel war einst Polizist auf Helgoland, heute hilft er dabei, neben den Seehunden und Robben auch Basstölpeln und Trottellummen auf der Langen Anna, einer aus dem Meer ragenden Sandsteinnadel, ihren Lebensraum zu erhalten. Und er markiert die Robben im Dienste der Wissenschaft: Welches Jungtier schwimmt nach der Entwöhnung durch die Mutter wohin? Wer das beantworten will, muss im kalten Spätherbst und im stürmischen Winter kleine Robben markieren.

Dieses Jungtier hat Glück: es lebt bei seiner Mutter.

Herbst

Die Blätter fallen, fallen wie von weit,
als welkten in den Himmeln ferne Gärten;
sie fallen mit verneinender Gebärde.
Und in den Nächten fällt die schwere Erde
aus allen Sternen in die Einsamkeit.
Wir alle fallen. Diese Hand da fällt.
Und sieh dir andre an: es ist in allen.
Und doch ist Einer, welcher dieses Fallen
unendlich sanft in seinen Händen hält.

Rainer Maria Rilke

Sehnsuchtsrufer:

Der Kranich und das Moor

Der Herbst ist auch die hohe Zeit für das Moor und seine Bewohner. Einer davon ist der Kranich – er zeigt jetzt eines der größten Schauspiele, die die Natur in Mitteleuropa überhaupt zu bieten hat. Die heißesten Tage des Jahres sind vorbei, und der Sommer hält langsam Auszug, wenn sich die ersten Graukraniche zwischen weiße Wolkengebilde mischen. Noch sind es nur einige wenige, aber ihr Ruf schallt ihnen voraus und kündet von Großem.

Denn wenn der Kranich auf Reisen geht, ist er nie allein. Zu Zehntausenden zieht er in Herbst und Frühjahr von Nord nach Süd oder von Süd nach Nord. Und wenn er sich die Ehre gibt, auf den Maisfeldern und Wiesen Norddeutschlands zu rasten und in den Mooren daneben zu nächtigen, dann lässt schon ein entferntes Kranich-Trompeten die Beobachter am Boden suchend gen Himmel blicken. Die Chancen, einem der großen Grauen mit dem leuchtend roten Schopf zu begegnen, sind in Europa wieder stark gestiegen. Denn der Kranich ist zurückgekehrt, nicht nur ins Moor. Dank engagierten Naturschutzes und insgesamt verbesserter Rahmenbedingungen.
Vor allem die großen, planebenen Wiedervernässungsbecken Norddeutschlands dienen den Kranichen als Nachtherberge. Hier fressen sie nicht, sondern sie stehen im knöcheltiefen Wasser zwischen den ersten Torfmoosen und passen halb schlafend, halb wachend aufeinander auf. Kein Fuchs kann ihnen hier etwas anhaben, kein anderer Feind bleibt unbemerkt.

Zwei Mal im Jahr bilden die einst so seltenen Kraniche inzwischen eine Art Riesenorganismus – fast alles tun sie, die während der Brutzeit die Einsamkeit der Sümpfe und Moore lieben, nun gemeinsam. Wenn die Jungvögel im Spätsommer groß genug sind, um den weiten Weg in den Süden zu fliegen, und wenn in Skandinavien oder Russland die Nächte kälter und die Tage kürzer werden, dann sammeln sich die Kraniche zu Zehntausenden an Rastplätzen wie dem Hornborga See in Schweden.

Wenn der Herbstnebel vom Moor Besitz ergreift, leuchtet die Moosbeere als letzter Farbklecks im Raureif.

Irgendwann im Herbst fliegen sie plötzlich wie auf ein geheimes Zeichen zusammen los in Richtung Wärme und Herbstfutter, die sie immer häufiger in Norddeutschland finden. Rügen ist schon lange bekannt für seine Kranichrastplätze, immer mehr Vögel ziehen inzwischen aber auch in die Diepholzer Moorniederung. Bis zu 80000 Tiere rasten dann hier. Rechnet man ihr Gewicht zusammen, kommt man auf mindestens 500 Tonnen Kranich und damit so viel wie 100 durchschnittlich gebaute afrikanische Elefantenbullen. Sie alle leben für kurze Zeit in einer überschaubar kleinen Region im Nordwesten Deutschlands.

Wer einmal den Einflug Tausender dieser Vögel ins Nachtquartier erlebt hat, vergisst das Spektakel nie mehr. Vor allem im Herbst, in dem die rastenden Gruppen etwas länger bleiben, schwärmen wochenlang kleine und große Trupps der Tiere Morgen für Morgen von ihren Schlafplätzen in seichten Seen oder Mooren aus zu den Futterstellen in der Umgebung. Abends kommen sie mit dem gleichen unverkennbar melodiösen Getöse wieder zurück.

In der Ferne bilden sie dann stumme Formationen, mal kleiner, mal größer, die am Horizont laut und lauter werden. Manche ziehen keilförmig vorbei, andere segeln auf ihre Stammplätze in der Nähe. Kurz vor der Landung schwillt das gemeinsame Trompeten an zu einem Orkan aus Vogelstimmen. Manch einem menschlichen Beobachter fährt der schallende Ruf direkt in die sehnsüchtige Seele.

Nach den Kranichen treffen die auch Singschwäne aus den nordischen Revieren ein und gesellen sich für ein paar Wochen zu den heimischen Tieren.

Kraniche sind die meiste Zeit ihres Lebens auf Reisen. Die sogenannte westliche Zugroute – es gibt auch noch eine östliche – zum Beispiel führt Vögel aus Skandinavien und Mitteleuropa über Deutschland und Frankreich nach Spanien. 6000 Kilometer legen die Vögel dann zurück – pro Strecke. Bei mehr als zwei Metern Spannweite sind im entspannten Segelflug allerdings auch mehrere Hundert Kilometer pro Tag möglich.

Die Rückkehr der Vögel in weite Teile Deutschlands hat viele Ursachen, vor allem wohl den Schutz der letzten Exemplare in den 1960er Jahren, als man in Westdeutschland um jedes Küken kämpfte und in der damaligen DDR den dort noch etwas größeren Bestand weiträumig und effektiv schützte. Nur 12 Kraniche waren damals in ganz Westdeutschland noch übrig, gut 500 im Osten.

Gleichzeitig erstarkte damals der Naturschutz und setzte durch, dass die letzten Lebensräume erhalten blieben, zerstörte wiederhergestellt und neue geschaffen wurden. Und nicht zuletzt, und das mag überraschen, profitieren die Kraniche als eine der wenigen Arten von der intensiven Landwirtschaft – denn im Spätherbst ziehen sie über die abgeernteten weiß-gelb besprenkelten Maisäcker und finden zwischen den Stoppeln reichlich herumliegende Erntereste. Die Kraniche schnabulieren rund 300 Gramm Futter am Tag – bei 80000 Tieren macht das 24 Tonnen Mais.

Kraniche leben nicht nur, aber auch im Moor. Und gerade für die vielen Rastvögel spielt dieser einst fast komplett zerstörte, inzwischen aber in Teilen wieder unter Wasser gesetzte Lebensraum eine überragende Rolle. Gerade in Niedersachsen hat das 1986 beschlossene Moorschutzprogramm dazu geführt, dass abgetorfte Hochmoore in Teilen wiedervernässt werden mussten. Wachsendes Hochmoor ist auf diesen Flächen zwar beileibe noch nicht entstanden. Es wölbt sich schon gar nicht uhrglasförmig in die Höhe, wie es ein intaktes Hochmoor täte, sondern glatt und weit liegen große dunkle Ebenen vor dem Beobachter, das Wasser steht nur einige Dezimeter hoch auf den planebenen Flächen. Aber ein moorähnliches Leben ist trotz des technokratisch anmutenden neuen Lebensraumes vielfach schon zurückgekehrt.

Im Herbst wird es abseits der großen Kranichplätze wieder stiller im Moor. Die Kiebitze sind schon seit ein paar Wochen verschwunden, auch der Ziegenmelker surrt nicht mehr. Dafür huschen allerlei späte Libellen über Bulten und Schlenken, jagen die letzten Mücken und andere Insekten in rasantem Kunstflug. Die offenen Flächen bieten dem Wind kaum Widerstand – eine kleine Brise weht hier deshalb fast immer. Und bleibt sie doch einmal aus, übernehmen die Mücken gnadenlos das Kommando.
Im Oktober-Moor ist kalter Nebel der erste Begleiter fast eines jeden Tages. Er überzieht das feuchte Land mit Milliarden kleiner Tautropfen und verstärkt die Stille, plötzlich fallen die vielen Netze der Kreuzspinnen auf, die das Moor und die angrenzenden Moorheiden bevölkern, und die den Honigbienen bei der Heideblüte das fleißige Sommerleben so schwer gemacht haben. Der Sonnentau, den Charles Darwin 1875 augenzwinkernd als »sehr scharfsinniges Tier« bezeichnete, legt mit seinen in der Sonne glänzenden Klebefallen noch ein paar letzte Insekten aufs Kreuz – dann ziehen sich die Pflanzen in die schützende Erde zurück.

Bis zu 130 Zentimeter lang ist die Luftröhre eines ausgewachsenen Kranichs. Sie ermöglicht ihm spektakuläre Trompetenstöße.

Wenn der Nebel geht und die Sonne kommt, werfen sich die sonst so unscheinbaren Birken ins Zeug: ihre weißen Stämme heben sich im Sonnenlicht von den matten Farben der Umgebung ab, in der ansonsten das Gelb des herbstlich welken Bentgrases dominiert. Das Birkenweiß bildet einen satten Kontrast zu den eigenen Herbstblättern – der Altweibersommer kann sich nicht nur im Laubwald, sondern auch im Moor sehen lassen. Das Rot, Schwarz und Blau der nun reifen Krähen-, Heidel- und Preiselbeeren gestalten munter mit.

Wer das Glück hat, eines der letzten intakten Kleinmoore im Frühherbst zu sehen, dem fällt auf, dass Torfmoos nicht gleich Torfmoos ist. Rund 35 verschiedene Arten kommen oder kamen allein in Deutschland vor. Einige von ihnen verfärben sich nun in ein sattes Rostrot oder Rotbraun und verwandeln das Moor in eine wunderbar farbenfroh gemalte Landschaft. Knallgelb hat hier im Sommer die Moorlilie geblüht, nun grüßen ihre Fruchtstände in sattem Orange aus den Moorbulten. Das Rot reifer Moosbeeren hebt sich vom Gelb-Grün der Torfmoose ab, und die kälteempfindlichen Kreuzottern schleichen sich ab Oktober langsam auf der Suche nach einem passenden Mauseloch, in das sie sich im Winter verkriechen können, über den Untergrund. Stare formieren sich zu Schwärmen aus Tausenden von Einzeltieren und nutzen den Freiraum über dem Moor zu perfekt koordinierten Flugmanövern.

Der Wanderfalke zieht hier seine Bahnen und lauert auch auf Tauben.
Wo das Birkhuhn am Rande der Moore überlebt hat, beginnen nun die alten Hähne mit der Herbstbalz. Sie haben erstaunlicherweise nicht die Fortpflanzung zum Ziel, sondern wollen nur die eigene Ranghöhe gegenüber den männlichen Jung-Konkurrenten demonstrieren.

All das spielt sich um die Kraniche herum ab. Dort, wo sie sich im Moor niederlassen, sind zum abendlichen Einflug kaum andere Tiere zu vernehmen. Ein wenig plump fallen die Vögel spätestens nach Einbruch der Dunkelheit den letzten Meter zu Boden, wie auch beim

Start immer gegen den Wind. Die Vögel landen nicht direkt am Schlafplatz, sondern ein gutes Stück entfernt, um mögliche Feinde zu verwirren. Kraniche sind die größten einheimischen Schreitvögel, sie werden mit 130 Zentimetern so groß wie ein etwa achtjähriges Kind. Um auf Bäumen zu brüten sind sie mit bis zu acht Kilogramm Gewicht viel zu schwer, deshalb brauchen sie flaches Wasser mit kleinen Pflanzeninseln, auf denen sie – geschützt vor Feinden – ihre Eier ausbrüten können. Außerdem sind Kraniche sehr misstrauisch. Nähert sich ein Mensch auf weniger als 300 Meter, fliehen sie. Ein Brutrevier ist bis zu 80 Hektar groß. Die Ansprüche des Vogels an seinen Lebensraum sind also je nach Ausstattung mit Nahrung und Deckung oftmals hoch.

Der Mensch nimmt seit Generationen Anteil am Leben dieser Vögel und gerade im Herbst lässt sich mit dem Beginn der kurzen Jahreszeit gut über sie und den Sinn des Lebens sinnieren. Tausende Kranichfreunde versammeln sich wohl auch deshalb Jahr für Jahr an den Rastplätzen.

Für einen Vogel des Glücks hielten als erste die Schweden den Kranich – ähnlich wie beim Storch wohl deshalb, weil mit seiner Rückkehr im Frühling auch die Wärme den Winter vertreibt. Rechtschaffenheit und Wachsamkeit symbolisierte der große Vogel ebenfalls schon früh. Einen Stein halte der Wächter eines schlafenden Kranichtrupps in der einen Klaue, heißt es etwa bei den Römern. Wenn der Wächter trotz allen Bemühens einschlafe, wecke ihn das Geräusch des fallenden Steins wieder auf. Die Griechen schließlich machten ihn zum Partner ihrer Götter, die Ägypter zum Symbol des Frühlings. Das französische Wort »Pedigree« (Stammbaum) stammt angeblich von »Pied de grue« (Fuß des Kranichs), und die Bezeichnung Kran für die bekannte Baumaschine soll vom langen Hals des Vogels herzuleiten sein. Gezeichnet lieferte er den Ägyptern in ihren Hieroglyphen den Buchstaben »B«, die alten Griechen deuteten aus der Flugformation ziehender Kraniche ihre Zukunft, und von Menschen fressenden Kranichen bis zu

Kraniche sind wachsame Vögel. Auf Hunderte Meter Distanz entgeht ihnen keine Bewegung.

Der Abbau der Moor hat zum Beispiel dem Birkhahn den Lebensraum genommen.

Mischwesen des Vogels mit dem Menschen soll es alles Mögliche schon einmal gegeben haben. Wer verstehen will, warum Kraniche manche Menschen zu Tränen rühren, der muss ihre Balz ansehen. Auf dem Herbstzug sind nur einige Elemente dieser herzergreifenden Zeremonien in meist abgeschwächter Form zu sehen. Trotz Dauerehe versichern sich die Tiere so ihrer Vertrautheit. Anmutig und graziös drehen sie dann Pirouetten, verbeugen sich, trompeten laut. Sie hüpfen und springen, singen eine Art Duett, bei dem die melodischen Tonfolgen aufeinander abgestimmt werden, schleudern Pflanzenteile in die Luft.

Erst wenn es zu kalt wird, ziehen die Kraniche weiter. Immer mehr verbringen wohl wegen des Klimawandels mit seinen milderen Wintern auch die kalten Monate komplett in Deutschland. Und für diejenigen, die weiterziehen, ist der Abschied nur von kurzer Dauer. Denn schon in einem halben Jahr, wenn der Frühling zurückkehrt, sind auch die eleganten Vögel wieder für ein paar Wochen im Lande.

Septembermorgen

Im Nebel ruhet noch die Welt,
Noch träumen Wald und Wiesen:
Bald siehst du, wenn der Schleier fällt,
Den blauen Himmel unverstellt,
Herbstkräftig die gedämpfte Welt
In warmem Golde fließen.

Eduard Mörike

Auf weiten Schwingen:

Die Schwäne

»Helsinki EJ0782« hat es nicht eilig. Der Winter ist noch lang, und Hektik kostet wertvolle Energie. Also zieht er gemächlich über einen herbstlichen Maisacker, zupft mal hier an vergessenen Maiskolben, liest mal da ein Korn auf. Genauer gesagt: »Helsinki EJ0782« wankt über das Land, ganz nach Schwanenart. Ab und zu näselt der schneeweiße Vogel an diesem kalten Novembertag ein leises, blechernes »ang ang« in die Luft.

Singschwäne verbringen ihr ganzes Leben als Paar.

Singschwäne und Nonnengans im Anflug.

Seine Partnerin und die Jungtiere aus dem Vorjahressommer antworten abwechselnd, immer eine Tonlage tiefer oder höher. Die Tiere halten Kontakt, majestätisch, souverän.

Vor 13 Jahren war der Singschwan aus dem Ei geschlüpft – in der Provinz Häme im Süden Finnlands, 1350 Kilometer von Nordwestdeutschland entfernt. Weil Biologen ihn dort beringt haben und »Helsinki« immer mal wieder beobachtet wurde, lässt sich sein Lebensweg über die Jahre verfolgen. Der Schwan ist regelmäßiger Wintergast im Emsland, das für ihn und viele nahe verwandte Zwergschwäne zu einem der wichtigsten europäischen Rückzugsgebiete in der kalten Jahreszeit geworden ist.

In diesem Jahr führen er und seine Partnerin neun grau gefärbte Jungschwäne – mehr Nachwuchs geht nicht. Wenn Singschwäne im späten Frühling mit der Brut beginnen, lieben sie die Einsamkeit der nordischen Taiga und trotzen dem rauen Wind. Fliegen sie aber mit dem ersten Frost in den »warmen« Süden, pflegen sie die Geselligkeit.
Meistens finden sich dann ab 50 bis 100 Sing- oder Zwergschwäne zusammen und verbringen den Winter in Westeuropa. Den morgendlichen Flug zum Futterplatz intonieren sie intensiv – manch ein Zuhörer fühlt sich an entferntes Glockengeläut erinnert.

Manchmal, selten nur, versammeln sich auch 500 Schwäne auf einem einzigen Acker oder einer sumpfigen Winterwiese. Immer gilt: Die Familie ist die größte Einheit – nur sie bleibt bis zum Rückflug in den hohen Norden zusammen. Wenn viele Schwäne auf einem Acker sitzen, besteht die Gruppe deshalb stets aus Familien, Paaren und unverpaarten Tieren.

Die nordischen Wintergäste brauchen abgelegene, stille Gewässer, um sicher zu schlafen.

Wer »Helsinki EJ0782« beobachten will, braucht Geduld. Er muss warten, bis der Vogel seinen kleinen Fußring so präsentiert, dass er aus der Ferne abzulesen ist. Eine Annäherung zu Fuß macht keinen Sinn: Vor Menschen fliehen die Vögel, wenn die Distanz zu klein wird. Weil das Ablesen der Fußringe so schwierig ist, werden Schwäne häufig mit gelben oder blauen Halsringen markiert. Aber »Helsinki« hat seinen Ring schon vor langer Zeit verloren und stellt seine Beobachter deshalb Jahr für Jahr auf eine harte Geduldsprobe.

Immer wieder mal schweben neue Schwäne auf bis zu zwei Meter umspannenden Schwingen ein. Dann ertönt ein lautes, posaunig geschmettertes Triumphgeschrei. Wollen Schwäne dagegen wieder abfliegen, was bei acht bis 15 Kilogramm Fluggewicht einigen Aufwand bedeutet, bereiten sie sich mit einer Folge von spitzen Silben und intensivem Kopfnicken auf den Start vor. Die Familien müssen sich synchronisieren, um gleichzeitig abheben zu können. Der Vorgang kann vor dem abendlichen Abflug zum Schlafplatz auch mal eine Viertelstunde dauern – ein so wichtiger Entschluss braucht offensichtlich Zeit.

Schwäne gelten übrigens in vielen Ländern als Heilige Seelenvögel. Laulujotsen nennen die Finnen den Singschwan, einen Vogel, der es bis zum nationalen Symbol geschafft hat. Bei den Skandinaviern ziert er inzwischen sogar die Ein-Euro-Münze, und das, obwohl der Singschwan Mitte des 20. Jahrhunderts durch intensive Jagd beinahe ausgerottet war.

Inzwischen lieben die Finnen also ihre Schwäne – und befinden sich damit in bester Gesellschaft. Denn in vielen Teilen der Welt sind Schwäne mystifiziert worden. So findet man nicht nur in Finnland Felszeichnungen aus der Steinzeit, die Schwäne zeigen. Auch am Nachthimmel ist der große Vogel mit einem eigenen Sternbild inmitten der Milchstraße verewigt, das auch Kreuz des Nordens genannt wird. Schwäne wurden als heilige Seelenvögel von verstorbenen Menschen verehrt, traten als Schwanenritter Lohengrin (Richard Wagner) auf oder waren fabelhafte Begleitwesen griechischer Götter.

Ein farbenprächtiger Stockerpel im Anflug. Enten und Schwäne teilen sich die Schlafgewässer – und zwar praktisch aufgeteilt in eine Tag- und eine Nachtschicht.

Im Märchen »Das hässliche Entlein« steht der Schwan für Reinheit und Schönheit. Als Schwanengesang wird das letzte Werk eines Musikers oder Dichters bezeichnet, was auf den Mythos zurückgeht, nach dem Schwäne vor ihrem Tode noch einmal mit trauriger, jedoch wunderschöner Stimme ein letztes Lied anstimmen. Aus einer griechischen Sage leitet sich der heute verwendete Gattungsname »Cygnus« ab. Ein gewisser Kygnus verwandelt sich darin aus Trauer um einen göttlichen Freund in einen Schwan.

Mit der heraufziehenden Dunkelheit zieht es die Schwäne zurück zu ihren Schlafgewässern – Altarme der Ems, Baggerseen oder Moore, wo nun bis zum Morgengrauen stets ein leises, aber vielkehliges »ang ang« zu hören ist. Wer es schafft, sich den Tieren so weit zu nähern, dass er oder sie ihrer Unterhaltung lauschen kann, wird erstaunt feststellen, dass Schwäne ganz offensichtlich sehr lebhaft miteinander kommunizieren. Vielleicht teilen sie sich einfach nur mit, wer noch da ist und wo er oder sie gerade vor sich hinschwimmt. Vielleicht hat dieser echte Schwanengesang auch eine weitergehende Bedeutung.
Spätestens Mitte April ziehen die letzten Schwäne ab und fliegen zurück in den Norden, wo sie – irgendwo zwischen Island und Sibirien – eine neue Brut beginnen.

Singschwan bei der Gefiederpflege. Nur wer flugfähig ist, ist auch fluchtfähig. Reinlichkeit ist also eine Art Lebensversicherung.

Abschied

O Täler weit, o Höhen,
O schöner, grüner Wald,
Du meiner Lust und Wehen
Andächtger Aufenthalt!
Da draußen, stets betrogen,
Saust die geschäftge Welt,
Schlag noch einmal die Bogen
Um mich, du grünes Zelt!

Joseph von Eichendorff

Der Fotograf **Willi Rolfes** *lebt mit seiner Familie in Vechta, im Herzen des Oldenburger Münsterlandes. Mit der Naturfotografie beschäftigt er sich seit 1981. Seine Fotogeschichten erscheinen in Zeitungen, Zeitschriften und Kalendern. Eine Vielzahl von Bildbänden spiegelt seine bisherige naturfotografische Arbeit wider. Einige Fotos wurden bei nationalen und internationalen Wettbewerben ausgezeichnet.*

www.willirolfes.de
www.facebook/willirolfes

Der Autor **Tobias Böckermann**, *Jahrgang 1973, ist Redakteur der Neuen Osnabrücker Zeitung. Nach dem Studium der Biologie gilt seine berufliche Leidenschaft der Naturreportage. Seine Texte erscheinen auch in zahlreichen Büchern und Zeitschriften. 2007 wurde ihm ein Sonderpreis im Rahmen des Autorenwettbewerbs »Der wilde Rabe« zuerkannt, der von der Zeitschrift GEO und der Deutschen Wildtierstiftung ausgerichtet wurde. Böckermann lebt mit Frau und zwei Töchtern im Emsland in Niedersachsen.*

Von der Nordsee bis in die tiefsten Alpenregionen ist Willi Rolfes in die »Wildnis« vorgedrungen und hat sie aufgespürt, die erstaunlich vielen Wildtierarten, die auch heute noch mitten in Deutschland in freier Natur leben.

Willi Rolfes // Andreas David
WildtierImpressionen

176 Seiten, 260 Bilder
ISBN 978-3-275-01870-3
€ 29,90 / CHF 39,90* / € (A) 30,80